Der Autor ist Dipl.-Wirtsch.-Ing. und hat sich als Verfahrenstechniker langjährig mit allen Problemstellungen der Energiewende beschäftigt, und die bisherigen Ergebnisse der Energiewende in diesem Buch zusammengetragen. Nicht mehr so kurz wie gedacht, aber so bündig wie möglich und notwendig für das Verstehen der Energiewende. Möge der Leser seine Schlussfolgerungen daraus ziehen.

**Die deutsche Energiewende hat keinen volkswirtschaftlichen
oder gesellschaftlichen Nutzen und keinen
Einfluss auf das Weltklima.**

Günter Köchy

Energiewende - kurz und bündig

Deutschlands Einfluss auf den Klimawandel ist winzig und die Kosten riesig

3. Auflage

Bibliografische Information der Deutschen Nationalbibliothek: Die Deutsche Nationalbibliothek verzeichnet diese Publikation in der Deutschen Nationalbibliografie; detaillierte bibliografische Daten sind im Internet über http://dnb.dnb.de abrufbar.

© 2022 Günter Köchy

Herstellung und Verlag: BoD – Books on Demand, Norderstedt

ISBN: 978-3-7568-4052-6

Inhaltsverzeichnis

Vorwort zur 3. Auflage

In Deutschland hat eine neue Zeit der Energieknappheit durch eine selbst gewählte Politik begonnen, die sich kein Bundesbürger so gewünscht hat. Obwohl es weltweit keine Knappheit an fossilen Energien gibt, besteht die Bundesregierung darauf, sich von einer günstigen und langfristig sicheren Energieversorgung aus Russland selbst abzuschneiden. Die Sabotage der Ostseepipeline und damit die endgültige Unterbrechung der Gaslieferungen aus Russland, scheint die Bundesregierung nicht interessiert zu haben, obwohl die deutsche Industrie damit von einer preiswerten und sicheren Gasversorgung abgeschnitten wurde und jetzt über Auswanderung nachdenkt (BASF) oder gleich in die Insolvenz geht. Und die Bundesbürger wissen nicht mehr wie sie ihre Gas- und Stromrechnung bezahlen sollen?

Aus moralisch-solidarischen Gründen mit den „Guten" in der Welt verknappt sich Deutschland selbst seinen Bedarf an fossilen Energien, beschneidet sich selbst in der Nutzung von Kernenergie und hat die eigenen Steinkohlebergwerke irreversibel verschlossen. Das Ergebnis grüner Politik aller demokratischen Parteien, einer Politik von Hasardeuren, aber, demokratisch gewählt! Kaum ein Wähler scheint das verstanden zu haben? Sarah Wagenknecht hat die Grünen auf Twitter nicht ohne Grund als die „heuchlerischste, abgehobenste, inkompetenteste und damit auch gefährlichste Partei im Bundestag tituliert (JF, 28.10.22). Fracking im eigenen Land ablehnen, aber Frackinggas aus Amerika einkaufen, die Steinkohleförderung im eigenen Land beenden aber Steinkohle aus Kolumbien, Südafrika und Australien einkaufen, die eigenen Kernkraftwerke abschalten und die Kühltürme sprengen aber Atomstrom aus Frankreich einkaufen. Atommüll verteufeln aber riesige Mengen an nicht recycelbarem Solarschrott und Windmühlenflügeln zu akzeptieren und die Energieabhängigkeit von Russland gegen Energieabhängigkeit von Amerika, Katar, Marokko, Australien, Kanada usw. einzutauschen ist der Weg vom Regen in die Traufe. Deutschland ist in allen Fragen der Beschaffung von (Energie-) Rohstoffen immer vom Ausland abhängig. Die Bundesregierung unterscheidet in der Auswahl der Lieferländer nach selbst definierten, moralischen Kriterien, anstatt einfach nach sicherer Verfügbarkeit und Bezahlbarkeit. So macht es jedenfalls der Rest der Welt.

Die Lösung der Energieknappheit in einem forcierten Ausbau der Erneuerbaren Energien zu suchen offenbart, dass die beteiligten Politakteure (Ampelregierung) im Physikunterricht nicht aufgepasst haben. Sonne und Wind schicken zwar keine Rechnung, sondern verlangen Vorkasse und können dennoch nicht rund um die Uhr liefern und damit keine Versorgungssicherheit herstellen. Was ist daran so schwer zu begreifen, dass nachts die Sonne nicht scheint und wenn die Sonne scheint häufig der Wind nicht ausreichend weht? Und weil es bis heute und auch in Zukunft keine ausreichenden Speichermöglichkeiten im TWh-Bereich für Gleichstrom gibt, für Wechselstrom ohnehin nicht, können die EE keine Versorgungssicherheit für Deutschland bieten. Jetzt nicht und 2050 auch nicht. Das folgende Bild aus Smard.de vom 23.08.-24.08. 2021 zeigt das ganze Dilemma der EE:

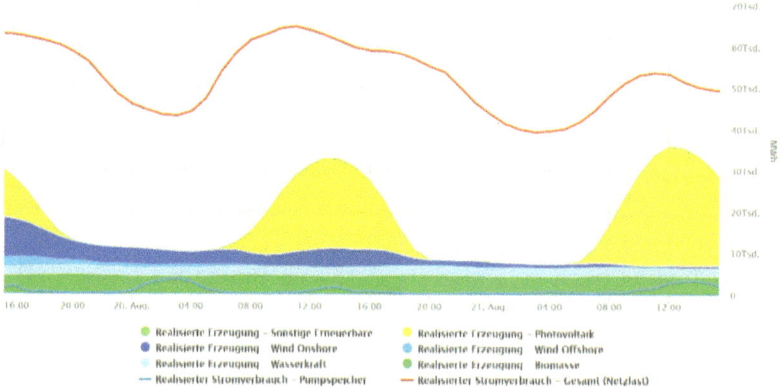

Der Wind onshore und offshore liegt im wahrsten Sinne am Boden und nachts scheint die Sonne nicht. Am 21.08.22 21:00 Uhr beträgt die Netzlast 53.692 MWh (rote Linie) und die EE liefern 8259 MWh zur Deckung, also 15 %. Davon die Sonnenenergie 0 MWh, Wind onshore 1008 MWh und Wind offshore noch 195 MWh. Das ist so wenig, dass Sie jetzt verstehen, warum hinter jeder Anlage der EE ein konventionelles Schattenkraftwerk steht, stehen muss, zur Aufrechterhaltung der Versorgungssicherheit. Bezogen auf den gesamten Primärenergiebedarf liegt der Anteil der EE lediglich bei etwa 16 % (2021).

EEG-Novelle

Mehr erneuerbare Energien für mehr Klimaschutz

Unsere Ziele:

- **bis 2030 mind. 80 Prozent** des Bruttostroms aus erneuerbaren Energien
- Klimaerwärmung auf 1,5°C **begrenzen**
- Abhängigkeit von fossilen Energieträgern **verringern**

Unsere Maßnahmen:

- **finanzielle Entlastung** von Haushalten und Unternehmen
- EEG-Förderung über den Strompreis **beenden**
- **Ausbaupfade** für Wind- und Solarenergie erhöhen
- **Beschleunigung** der Planungs- und Genehmigungsverfahren
- finanzielle Beteiligung der **Kommunen** weiterentwickeln

Wir werden sehen, dass ein weiterer Ausbau der EE daran nichts ändern, sondern einzig und allein Rohstoffe und Kapital weiterhin vergeudet wird. Und nicht zuletzt verschwenden in der Energiebranche genau diejenigen Fachkräfte ihre Talente, die in der übrigen Industrie gerade dringend gebraucht werden.

Der einzige im Inland noch ausreichend zur Verfügung stehende Energierohstoff ist die Braunkohle und da wurde 2021 sogar mehr verstromt als im Vorjahr. Trotzdem hat die Bundesregierung in ihrem Osterpaket folgendes beschlossen und am 08.07.2022 verkündet:

Osterpaket für Energiewende vom Bundesrat gebilligt „Wir verdreifachen die Geschwindigkeit beim Ausbau der erneuerbaren Energien"

Wir werden sehen, was davon übrigbleibt? Je härter und intensiver Deutschland an der Energiewende arbeitet, desto tiefer ist die Grube, die es sich gräbt. Unser Land arbeitet sich an der falschen Aufgabe ab und macht das noch effizienter, als jedes andere Land der Welt.

Vom New Green Deal der EU ist jedenfalls nichts übrig geblieben.

„EU-Kommission will Tausend Milliarden Euro in Klimaschutz investieren", schreibt Weltonline am 14.01.2020

„Die EU will bis 2050 „klimaneutral" werden und ihre bisherige Wirtschaftsweise umkrempeln. Gebraucht werden neue Energien, neue

Fabriken, neue Autos, optimal gedämmte Häuser. Schon jetzt ist klar: Das Geld wird nicht reichen." Drei Bill. Euro hat EY allein für die Sanierung von Wohngebäuden in Deutschland errechnet (Weltonline 28.11.2022).

Dazu meint Tucker Carlson auf Fox News am 29.08.2022 nur trocken: **„The Green New Deal means poverty"** und das Wallstreet Journal schreibt schon am 9.01.2019: **„Germany hat dümmste Energiepolitik weltweit."** Interessanterweise hat die EU-Kommission in ihrer Taxonomieverordnung 2020/852 keine Einwände erhoben gegen die Einstufung von Gas und Atomkraft als nachhaltig zur Stromerzeugung. Nur die Bundesregierung hat Einwände und fährt weiter auf der Geisterbahn der Energiewende.

Aber wahrscheinlich geht es auch gar nicht um die Rettung der Welt vor der Erdüberhitzung, sondern einfach um den Umbau der Gesellschaft in eine neue Gesellschaft und die Energiewende ist ein Teil des Puzzles? Deutschland steckt fest im politischen Dreibackenfutter von Energiewende, Migration und Eurorettung und der Hebel zur Entspannung kann deshalb nur von außerhalb der Politik kommen. Durch Wahlen lässt sich die Politik nicht mehr ändern weil drei Transferleistungsbezieher von Steuern und Sozialabgaben nur einem Netto- Steuerzahler gegenüberstehen. Der Respekt der politischen Klasse gehört daher nicht denen, die die Leistung erbringen, sondern denjenigen, die die Leistung verzehren und deswegen werden es immer mehr.

Die Gesellschaft wird die Lösung des Energieproblems erst nach einem flächendeckenden Blackout der Stromversorgung erkennen und die liegt in der Wiedergeburt der Kernkraft, vorübergehender Nutzung der fossilen Energien als Brückentechnologie und sofortigen und vollständigen Einstellung aller Investitionen in EE, mit Ausnahme von Biogasanlagen zur Vergärung von Gülle.

Solange es noch Firmen gibt, die Windenergieanlagen offshore erstellen, sollten diese Firmen im Staatsauftrag den restlosen Rückbau der Anlagen aus dem Meer organisieren. Nach Ihnen wird es niemanden mehr geben, der den Energieschrott in Nord- und Ostsee wieder entfernt. Der Verbleib wäre für die Umwelt eine Katastrophe. Nord- und Ostsee sind keine Industriegebiete. Das ist komplett „vergessen" worden. Es ist notwendig, rechtzeitig an die Entsorgung/Recycling des Anlagenschrotts aus EE zu erinnern, denn das Wissen um eine funktionierende Stromwirtschaft scheint auch verloren gegangen zu sein? Es war ein Leichtes, die in über hundert Jahren gewachsene und funktionierende, integrierte Stromversorgung aus Stromproduktion und -verteilung zu zerschlagen. Dieses Wissen ist in den letzten 20 Jahren verloren gegangen, konnte an die nächste Ingenieursgeneration nicht weitergegeben werden. Genau wie das Wissen um Konstruktion und Bau von Kernkraftwerken. Stattdessen wurde innerhalb kurzer Zeit ein Berg an Unwissen erzeugt, der für die Zukunft nicht trägt. Weder lässt sich für den Einzelnen Arbeitnehmer mit dem Wissen um die EE die persönliche Zukunft sichern noch ist das Wissen volkswirtschaftlich von nachhaltigem Interesse. Windmühlen waren Stand der Technik vor 3000 Jahren. Überlegen Sie doch selbst, welche Energieinfrastrukturen mit der Energiewende aufgebaut und unterhalten werden müssen:

- eine Infrastruktur für Konventionelle Energien: Erdgas, Steinkohle, Braunkohle, Kernenergie
- eine Infrastruktur für Erneuerbare Energien, Solar, Wind onshore, -offshore, Wasser, Bioenergie
- eine Infrastruktur für PtG, PtL, Wasserstofferzeugung
- eine Infrastruktur für Elektromobilität
- eine Infrastruktur für Erdgas/Wasserstoffspeicherung
- eine Infrastruktur für die Treibstoffversorgung Benzin, Diesel
- eine Infrastruktur für LNG
- eine Infrastruktur zur Aufnahme von Wasserstoff aus der Welt
- eine Infrastruktur für Recycling des gesamten Energiewende-Mülls

Wer soll das alles bezahlen, aufbauen unterhalten und dabei international wettbewerbsfähig bleiben? Weltwirtschaftlich ist es völlig irrelevant, was wir tun. Niemand folgt Deutschland auf dem Pfad der „dümmsten Energiepolitik" weltweit.

Deutschland, im Dezember 2022   Günter Köchy

Vorwort zur 1. Auflage

Der Worte sind genug gewechselt und häufig ist es nur ein Meinungsaustausch zwischen Befürwortern und Gegnern der Energiewende, anstatt ein Austausch von Fakten. Jeder beansprucht für sich die besten Argumente, obwohl die Energiewende, besser noch als jedes andere gesellschaftliche Thema, der Physik und Mathematik zugänglich ist und damit natürlich auch einer logischen und zusammenhängenden Darstellung würdig. In diesem Buch wird daher der Versuch unternommen, die Energiewende mit so wenig Geschreibsel wie nötig zu erklären und so viel wie möglich in Grafiken, Tabellen und Bildern darzustellen.

Wenn keine Originalgrafiken der verschiedenen Akteure der Energiewende oder Politik eingefügt wurden, so ist die Standardgrafik ein Quadrat mit der Kantenlänge 5 cm, und damit einem Flächeninhalt von 25 cm^2 gleich 100 %. Damit wird jedes Kriterium normiert und ins Verhältnis zur deutschen Ausgangslage gesetzt. Hierzu ein einfaches Beispiel, damit Sie wissen wie es funktioniert. Die Erdkugel hat eine Oberfläche von 510,1 Mill km^2 = 100 % = 25 cm^2. Deutschland hat eine Fläche von 357.578 km^2 und das entspricht einem Anteil an der Erdoberfläche von 0,0701 %. Das ist wichtig zu wissen, um den Erfolg Deutschlands auf den weltweiten Klimawandel einschätzen zu

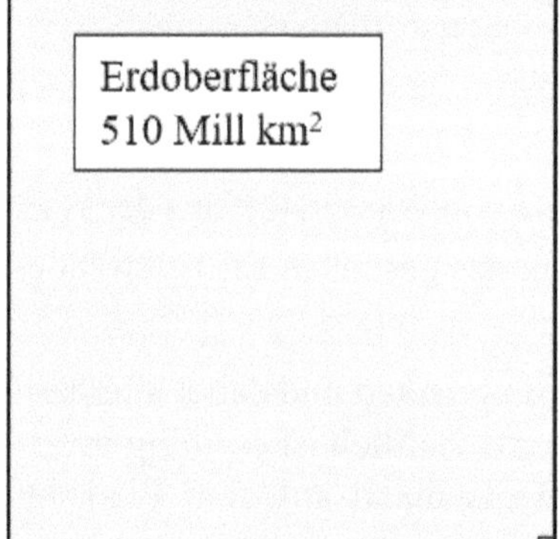

können. Der Flächenanteil im Quadrat beträgt damit auch nur 0,0701 % von 25 cm^2, also 0,0175 cm^2 und das entspricht einem Quadrat mit der Kantenlänge 0,13 cm, also das kleine, grüne Quadrat rechts unten im großen Quadrat. Damit können Sie eine erste Einschätzung für Deutschlands Möglichkeiten vornehmen, die Erdüberhitzung durch eine Verminderung der CO_2 Emissionen noch zu verhindern.

Für den ehemaligen Bundesumwelt- und Bundeswirtschaftsminister Peter Altmaier ist die Antwort klar, so wie er es auf dem **Handelsblatt Energiegipfel am 21. Jan. 2020** auch gesehen hat:

„Die Deutsche Energiewende hat inzwischen Nachahmer gefunden, vielmehr, als wir eigentlich glauben. Und diese Nachahmer sind deshalb so eifrig bei der Sache, weil sie sagen, von den Deutschen lernen heißt: Wenig Arbeitslosigkeit, viel Wirtschaftswachstum, gute Löhne und gute Einkommen und gleichzeitig saubere Energie und Klimaschutz."

Wir werden sehen, dass es völlig egal ist, was Deutschland in der Energiewende macht. Im weltweiten Maßstab ist unser Import an fossiler Primärenergie und damit die CO_2 Emissionen marginal und wenn wir nichts mehr importieren, wird die Primärenergie eben woanders verbraucht und Deutschland ist wieder in der Steinzeit angekommen. Nicht marginal ist dagegen der effiziente Einsatz von Energie in Deutschland. Zu den Eckdaten des deutschen Energiemarktes schreibt der Weltenergierat Deutschland (World Energy Council): „Nimmt man die erwirtschafteten Güter und Dienstleistungen zum Maßstab, so zeigt sich, dass in Deutschland Energie sehr effizient genutzt wird. So erreichte der Energieverbrauch in Deutschland 2021 rund 118 kg SKE pro 1.000 € Bruttoinlandsprodukt (961 kWh). Im weltweiten Durchschnitt war der Energieverbrauch 2021 - gemessen an der Wirtschaftsleistung - doppelt so hoch wie in Deutschland." Dieser Wert ist nicht mehr beliebig reduzierbar, die Physik hat Grenzen und lässt sich durch politische Vorgaben nicht austricksen. Damit sollten jetzt all diejenigen beruhigt sein, die Deutschland eine besondere Verantwortung in der Energiewende zuweisen, weil weniger als 1 % der Weltbevölkerung 2 % der fossilen Primärenergie nutzt.

Das bedeutet jetzt, die ganze Branche der Erneuerbaren Energien, der Stromwirtschaft und natürlich der Parlamente kümmert sich um Probleme, die wir ohne sie nicht hätten.

Einleitung

Bislang beweist noch jede Umfrage, dass die Bevölkerung die Energiewende mit Erneuerbaren Energien aus Sonne, Wind und Biomasse fast vorbehaltlos unterstützt. Die Agentur für Erneuerbare Energien schreibt am 13.Dez 2021: „Akzeptanzumfrage 2021: Klimapolitik - Bürger*innen wollen mehr Erneuerbare Energien" und veröffentlicht dazu folgende Grafik:

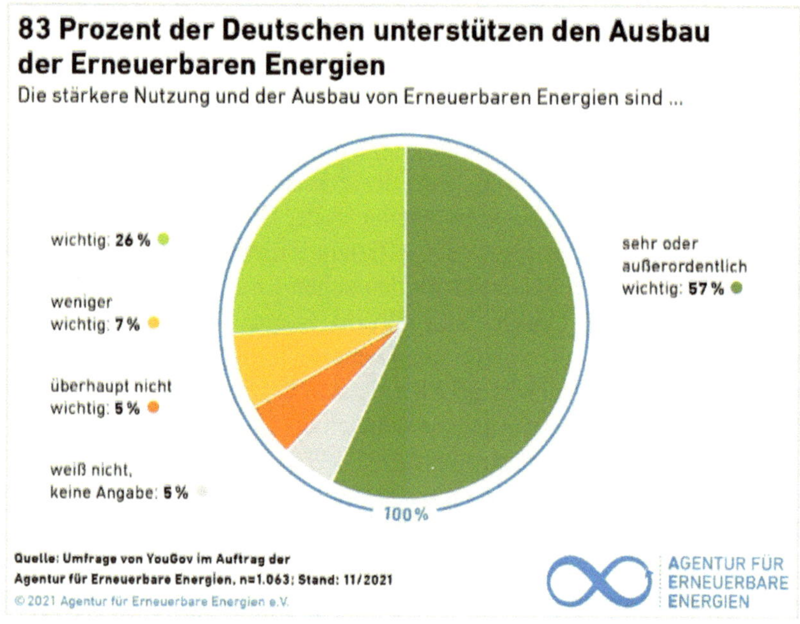

Für mehr als 83 % der Bevölkerung, ob nur Deutsche befragt wurden wissen wir nicht, ist die Energiewende wichtig oder sogar außerordentlich wichtig.

„Die AEE veröffentlicht seit mehr als zehn Jahren eine repräsentative Akzeptanzumfrage zum Ausbau der Erneuerbaren Energien. Die Zustimmung lag stets bei um die 90 Prozent. Auch in der aktuellen Befragung, die durch das Meinungsforschungsinstitut YouGov durchgeführt wurde, befürworten fast neun von zehn Bürger*innen (86 Prozent) eine stärkere Nutzung der Erneuerbaren Energien in Deutschland. „Der Rückhalt für den Ausbau der Erneuerbaren Energien ist in der Bevölkerung nach wir vor sehr groß", bilanziert Brandt die Ergebnisse der aktuellen Akzeptanzumfrage der AEE." Und am 06.09.22 zitiert FAZnet eine Umfrage der KfW-Bank: **„Hohe Zustimmung zur Energiewende"**, „Der repräsentativen Haushaltsbefragung zufolge ist die Zustimmung zur Energiewende mit 89 Prozent ungebrochen hoch." Und die KfW schreibt sogar in ihrem Energiewendebarometer 2022 „Energiewende dringender denn je - ...".

Das ist auch kein Wunder, denn so gut wie (fast) alle gesellschaftlichen Gruppen, technisch-wissenschaftlichen Vereine, Forschungseinrichtungen, die öffentlich-rechtlichen Medien und natürlich die Politik betonen unablässig, wie wichtig die Energiewende für Deutschland ist und was noch getan werden muss, um das Pariser Klimaabkommen von 2015 noch zu erfüllen. Allerdings schreibt die Bundeszentrale für politische Bildung schon am 15.12.2015 zum neuen Weltklimavertrag: **„195 Staaten haben die UN-Klimakonferenz in Paris erfolgreich abgeschlossen. Am Samstag einigten sie sich auf ein neues internationales Klimabkommen."** ... „Außerdem versprachen die Industrieländer in einer begleitenden Entscheidung, im Zeitraum zwischen 2020 und 2025 jährlich 100 Milliarden US-Dollar für arme Länder bereitzustellen, damit diese eine entschlossene Klimaschutzpolitik betreiben und die schädlichen Folgen des Klimawandels abmildern können." Es scheint also um mehr zu gehen, als nur um den Klimawandel? Die Bundesregierung hat die Konferenzziele so festgelegt, wie nebenstehende

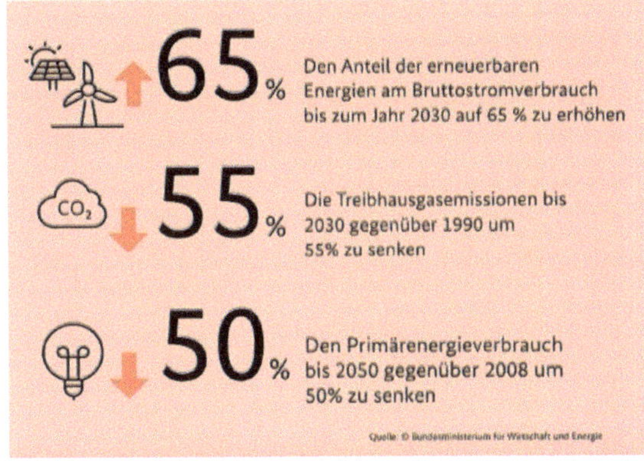

Grafik zeigt. Wir werden sehen, ob diese Ziele erreicht werden können und welcher Preis dafür zu zahlen ist. Sonne und Wind stellen zwar

So berechnet der Umweltminister die Kosten der Energiewende

1. Einspeisevergütung für Strom aus bestehenden
Wind-, Solar- und Biomasse-Anlagen.
Bereits ausgezahlt   67 Milliarden €
Zahlungsverpflichtung bis 2022   250 Milliarden €

2. Neubau von Anlagen bis 2022, mit geringerer
Einspeise-Vergütung. Voraussichtliche Zahlungsverpflichtung je 1,8 Milliarden € pro Jahr mit
20-jähriger Vergütungsgarantie für die Anlagen
(1,8 Milliarden € x 10 Jahre x 20 Jahre)   360 Milliarden €

3. Netzausbau, Reservekapazitäten, Forschung und
Entwicklung, Elektromobilität, Gebäudesanierung   300 Milliarden €

Summe   980 Milliarden €

Quelle: Eigene Recherche

Foto: Infografik Die Welt

Wie der Umweltminister die Billion berechnet

keine Rechnung, aber verlangen Vorkasse und die hat der ehemalige BUM Altmaier schon einmal vorgerechnet:
(Quelle: Die Welt 23.02.2013)

Das ist 2013 zwar von verschiedenen Stellen vehement bestritten worden, aber ca. 600 Mrd. € von einer Billion € sind schon verteilt, allein durch die Kosten der EE einschließlich Netzausbaukosten zwischen 2016 und 2020 (Bundesrechnungshof).

Die WeltN24 legt schon am 02.06.2017 den Finger in die Wunde: **„Das Pariser Abkommen ist Vergeudung von Zeit und Geld.“** Trump hat Recht: Das Pariser Klimaabkommen ist nicht geeignet, das Problem der globalen Erwärmung zu lösen. Das gesetzte 1,5-Grad-Ziel ist mit seinen wirkungslosen Methoden illusorisch. Es gibt einen besseren Weg.

„... Das Pariser Abkommen, das der Welt als ultimative Lösung für die Klimaprobleme verkauft wurde, ist meiner Meinung nach ein „Papiertiger": Seine einzige Legitimation besteht darin, dass alle Länder Zusagen gemacht haben – doch diese Versprechen müssen nicht eingehalten werden."

Dabei wäre es so einfach, dass Klimaziel zu erreichen. Die Weltgemeinschaft der Importländer von fossilen Energien, das ist die Mehrheit, sollte die Exportländer fossiler Energien boykottieren, ihnen ihre fossilen Rohstoffe, Kohle, Erdöl, Erdgas einfach nicht mehr abkaufen. Das könnte Deutschland schon heute tun und nur noch die eigene Braunkohle verstromen. Derzeit werden nur durch Verstromung der Braunkohle etwa 140 Mill t CO_2 /a freigesetzt und das ist weitaus weniger, als die heutigen 762 Mill t Treibhausgase (CO_2 – Äquivalente) in 2021 für alle fossilen Energien. Das Klimaziel 2050 liegt also heute schon in Reichweite, die Bundesregierung muss nur wollen, wenn es ihr Ernst damit ist, das Weltklima zu retten. Und die CO_2-Ziele im Verkehrssektor ließen sich einfach dadurch erreichen, indem Deutschland keine Treibstoffe mehr importiert und verarbeitet als notwendig ist, um das selbst gesteckte 1,5° C Ziel zu erreichen. Dass dann erst der Verkehr, danach die Wirtschaft und dann die Gesellschaft zusammenbrechen, hat die Bundesregierung offensichtlich verstanden, denn sonst würde sie es tun? Das ist heuchlerisch. Und ein Tempolimit auf Autobahnen reduziert kein bisschen CO_2, sondern verlängert nur die Fahrstrecke. Wenn der Tank leer ist, ist alles CO_2 in der Luft, egal wie schnell das Auto gefahren wurde.

Nun dürfen erst einmal die Braunkohlekraftwerksblöcke Neurath D und E (Grevenbroich) nach Mitteilung des BMWI sogar bis Ende März 2024 weiterlaufen, um Erdgas nicht verstromen zu müssen. Braunkohle hat Deutschland noch reichlich, nur das Erdgas wird knapp. RWE hat sich mit der Bundesregierung aber dennoch darauf geeinigt, dass die Braunkohleverstromung bis Ende 2030 eingestellt werden soll. Kein Wunder, RWE ist längst international investiert so u.a. in Amerika und Australien. Die Bundesregierung wird bis dahin zeigen müssen, welche Energie-Wundertüte sie bis dahin öffnen kann? Wasserstoff wird es jedenfalls nicht sein, denn um den elektrolytisch zu erzeugen, also grün, braucht es Strom, der gerade fehlt.

Wasserstoff ist keine Primär- sondern nur Sekundärenergie. Wir werden sehen, dass die EE eine gigantische Umverteilungsmaschine von unten nach oben sind, die ohne das Schmieröl der Subventionierung durch den Strompreis sofort zum Stillstand kommen würde.

Die Bundesregierung hat in ihrem Klimaschutzplan 2050 beschlossen, „die Treibhausgasemissionen bis 2050 im Vergleich zu 1990 um 80 bis 95 Prozent zu vermindern. Die Bundesregierung bekräftigt dieses Langfristziel und wird in diesem Rahmen einen angemessenen Beitrag zur Umsetzung der Verpflichtung von Paris leisten, auch mit Blick auf das im Übereinkommen von Paris vereinbarte Ziel der weltweiten Treibhausgasneutralität im Laufe der zweiten Hälfte des Jahrhunderts." Deutschland will deshalb in einem ersten Schritt bis 2038 aus der Stromversorgung mit Kohle aussteigen, neuerdings sogar bis 2030. Mit dem geplanten Ausstieg aus der Braunkohle spart Deutschland je Megawattstunde rund eine Tonne CO_2 und bei Erdgas sind es lediglich 350 Kilogramm. Dumm nur, wenn man sich auch der Erdgasquellen beraubt.

So hat der Katarische Energieminister erklärt: **„Europa kann ohne russisches Erdgas nicht bestehen."** Katar werde versuchen, Europa mit Flüssiggas zu helfen. Aber am Ende ist dies eine kleine Menge im Vergleich zu der riesigen Menge, die aus Russland kommt auf die Europa angewiesen ist." (freiewelt.net 06.10.2022) Leider schreibt der Deutschlandkurier am 23.11.2022: „Neue Riesenblamage für Habeck: Die Scheichs machen ihren Gas-Deal mit China" ... „Der Vertrag läuft über 27 Jahre und ist damit laut Energieminister und Qatar-Energy-Chef Saad Scherida Al-Kaabi der „längste Vertrag" in der Geschichte der LNG-Industrie. Insgesamt fließen 108 Millionen Tonnen Flüssig-Gas in das Reich der Mitte." Der Bückling unseres Bundeswirtschaftsministers in Katar hat also nichts genutzt.

Deutschland hat vor dem Ukrainekrieg etwa 55 % seines Gasbedarfes aus Russland importiert und die EU etwa 40 %. Nach Ansicht der Bundesregierung hat Erdgas aber ohnehin nur eine Brückenfunktion ins Nichts. Die Bundesregierung sorgt deshalb schon einmal vor und fordert:

Bundesregierung will deutsches Gasnetz schrittweise auflösen, schreibt Weltonline am 22.05.2022.

„Das Wirtschaftsministerium fordert Stadtwerke zum „Rückbau" des Erdgas-Netzes auf – und stößt auf massiven Widerstand. Statt Abriss fordern Energieversorger die Umrüstung auf Wasserstoff. Staatssekretär Patrick Graichen nennt das eine „Träumerei".... Graichen habe in der Runde auf den Zeitplan für die Dekarbonisierung der Volkswirtschaft verwiesen. „Natürlich ist im Jahr 2045 da kein Gas mehr in den Netzen", sagte der Staatssekretär, der zuvor die Denkfabrik Agora Energiewende geleitet hatte, Teilnehmern zufolge. Der Betrieb einzelner Heizungen mit klimaneutralem Wasserstoff als Erdgasersatz sei „Träumerei"."

Auch diese Entscheidung der Bundesregierung entwertet ein Volksvermögen in Milliardenhöhe, wie die Stilllegung funktionierender Kernkraftwerke und die Aufgabe des Steinkohlebergbau zeigt und es ist nicht klar, was stattdessen folgen soll?

Natürlich kann jede Regierung diese politischen Ziele beschließen, schließlich ist Papier geduldig und bis 2045 ist es noch lang und keiner der heutigen Akteure wahrscheinlich noch am Leben. Allerdings gelten 2050 noch die gleichen physikalischen Gesetze wie heute oder in der Vergangenheit. Dazu gehören ganz simple Alltagsweisheiten, wie:

- Nachts ist es dunkel und keine Solaranlage liefert noch elektrische Energie oder Wärme.

- Wenn kein Wind weht, stehen alle Windenergieanlagen still, egal, ob 10, 100, 1000 oder 2 Millionen Anlagen. Ohne Wind keine Windenergie.

- Wind- und Sonnenenergie richten sich nach dem Wetter und der Tageszeit und nicht nach dem Bedarf.

- In einem Stromnetz müssen Angebot und Nachfrage stets ausgeglichen sein und das erfordert eine stets zuverlässige und ausreichend hohe Einspeisung von Strom in die Stromnetze.

- Die wirtschaftliche und technische Lebensdauer von Anlagen der EE ist endlich, wie jedes Investment, und beträgt nicht mehr als höchstens 25 Jahre. Alle Investitionen in EE bis 2025 sind daher 2050 für die Katz gewesen, sie sind schon wieder rückgebaut. Investitionen in EE sind daher nur ein Weg ins Nichts und haben kein erreichbares Ziel.

Ich habe deshalb der Bundesnetzagentur schon am 29.10.2012 folgende Frage gestellt:

„Es scheint so zu sein, das durch den Aufbau eines regenerativen Kraftwerksparks eine zweite, parallele Kraftwerksinfrastruktur zu atomarer und fossiler Kraftwerkskapazität entsteht, ohne dass auch nur ein fossiles Kraftwerk ersetzt werden kann? Das würde zu den physikalischen Erkenntnissen passen, dass in Deutschland die Sonne lediglich an 1000 h/a scheint und die durchschnittliche Betriebszeit von Windenergieanlagen in den letzten 10 Jahren mit etwa 1800 h/a gemessen wurde. Da helfen auch Smart Grids nicht viel weiter. Die Stilllegung von Atomkraftwerken erfordert den Zubau von fossilen Kraftwerken. Sehe ich das so richtig?“

Darauf hat die Bundesnetzagentur am 14. Jan. 2013 unter dem Geschäftszeichen: 613P_6040703_121029_012 wie folgt geantwortet:

„Die regenerativen Energieträger Sonne und Wind sind wie von Ihnen beschrieben sehr volatil, d.h., dass diese nur in relativ geringem Maße zur gesicherten Leistung beitragen. In der Regel wird beim Energieträger Wind onshore von einer gesicherten Leistung von 5 bis 10% der gesamten installierten Leistung dieses Energieträgers ausgegangen, bei Photovoltaik sind 0% angesetzt. Insofern stimmt es, dass genügend konventionelle Kraftwerkskapazitäten vorzuhalten sind, um die Jahreshöchstlast zu decken, sofern man nicht auf Importe angewiesen sein möchte. Unter Umständen ist also der Neubau von konventionellen Kraftwerken durch den Ausstieg aus der Atomkraft notwendig.

Eine andere Möglichkeit als der Kraftwerksneubau wäre die Speicherung von Energie zu Zeiten, in denen mehr Energie erzeugt als verbraucht wird. Es sind jedoch auf absehbare Zeit nicht ausreichende Speichermöglichkeiten vorhanden, um auch eine Zeit ohne Sonne und gleichzeitiger Windflaute von z.B. 10 Tagen zu überbrücken. Zudem können die Speichertechnologien voraussichtlich nicht in dem erforderlichen Umfang wirtschaftlich betrieben werden.“

Diese Aussage bedeutet nicht mehr und nicht weniger, dass mit Erneuerbaren Energien weder eine ausreichende noch zuverlässige Stromversorgung möglich ist.

Das wird bestätigt in dem **„Bericht der deutschen Übertragungsnetzbetreiber zur Leistungsbilanz 2018 bis 2022"** vom Stand 18.02.2020 in dem u.a. auf die Verfügbarkeit der EE eingegangen wird. Unter dem Kapitel der nicht einsetzbaren Leistungen zum betrachteten Zeitpunkt gibt es folgende Aussage:

„Speziell bei dargebotsabhängiger Einspeisung aus erneuerbaren Energien ist es schwierig, eine Aussage über die wetterbedingt nicht zur Verfügung stehende Leistung zu treffen. Eine allgemeine Vorgehensweise, die sich bei Windenergie, Photovoltaik, Laufwasser und Biomasse/Biogas anwenden lässt, beruht auf einer Auswertung historischer Einspeisungen, die auf die installierte Leistung bezogen werden." Im Ergebnis setzen die Übertragungsnetzbetreiber folgende **Nichtverfügbarkeiten** an:

- Biomasse / Biogas 40 %
- Windenergie – onshore und offshore 99 %
- Photovoltaik 100 %
- Laufwasser 72 %
- Pumpspeicher 20 %

Damit ist schon alles zur Volatilität der EE gesagt.

Bevor sich diese Erkenntnis politisch und beim Bürger durchsetzt, wird die Energiewende also weiter forciert, offensichtlich bis zum flächendeckenden Blackout der Stromversorgung. Es gibt viele Gewinner dieser Politik. Es ist daher nur richtig, den derzeitigen Erkenntnisstand aufgrund einer 20-jährigen Erfahrung mit der Energiewende transparent darzustellen. Das Erneuerbare-Energien-Gesetz (EEG) ist am 01.04. 2000 in Kraft getreten. Der Bürger und Verbraucher muss sich eine objektive Meinung bilden können denn schließlich muss er als Stromkunde alles bezahlen und nicht etwa die Bundesregierung. Am Ende dieses Büchleins werden Sie feststellen, dass aus der „Energiewende" nichts kommt, was das Etikett „nachhaltig" oder umweltfreundlich verdient hätte, sondern sie ist ein reines, ideologisch motiviertes Umverteilungsmodell von arm nach reich, von unten nach oben, bezahlt vom Stromkunden und dient dem radikalen Umbau der Gesellschaft. Und alles mit einem guten Gefühl von Gerechtigkeit, solidarischer Lebensweise und Weltoffenheit. Wer könnte schon etwas dagegen haben und deswegen sind die Bundesbürger dafür, aber vielleicht liegt es auch nur an der Fragestellung?

Die Energiewende ist eigentlich nur eine Stromwende, denn sie beeinflusst nur rund 1/5 des Primärenergiebedarfes in Deutschland. Über die sog. Sektorenkoppelung wird versucht, auch den Verkehrsbereich und den Wärmebereich mit einzubeziehen. Bislang und auch in Zukunft nur mit mäßigem bis gar keinem Erfolg. Das liegt nicht an den durchaus respektablen, technischen Konzepten, sondern scheitert, weil der Input an Erneuerbarer Energie für ein (noch) Industrieland wie Deutschland viel zu gering und so gut wie immer unstetig ist. Die Energiewende ist der permanente Versuch einer organisierten Mangelverwaltung, in Angst vor einer Unterbrechung des Stromflusses. Das wäre der Blackout.

In Sonntagsreden der politischen Akteure wird die Energiewende beschworen und für das Gelingen werden noch mehr Windenergieanlagen, noch mehr Solaranlagen, noch mehr Trassenbau, noch mehr offshore Strom noch mehr Wärmedämmung, die Smart City, der Einbau von Smart Meter die Speicher der Elektromobilität usw. usw. gefordert. Wenn Sie das Buch gelesen haben, sind Sie (hoffentlich) frei von jeglicher Illusion, Deutschland könnte sich selbst versorgen oder das Weltklima beeinflussen.

Und wenn der nächste Windpark eröffnet wird und Strom für 4000 Haushalte liefert, können Sie sicher sein, der Strom kommt aus der Steckdose und das ist Graustrom, ein Mix aller Kraftwerke im Netz, von Atomstrom über Kohle- bis zu Solarstrom. Niemand hat einen Anschluss an den nächsten Windpark und er wird auch keinen bekommen. Und wenn Sie mit viel Geld ihr Haus gedämmt haben, können Sie sich hoffentlich über die Einsparung an Heizenergie freuen? Der DIW Wochenbericht Nr. 40/2020 schreibt im Wärmemonitor leider etwas anderes. **„Die CO$_2$ Emissionen im Gebäudesektor sinken langsam"**,

„Die temperaturbereinigten CO$_2$-Emissionen bei Zwei- und Mehrparteienhäusern gingen im Zeitraum 2010 bis 2019 um 2,6 % zurück –

von 26,9 auf 26,2 Kilogramm pro Quadratmeter beheizter Wohnfläche. Gleichzeitig blieb der temperaturbereinigte Heizenergiebedarf zwischen 2010 und 2019 weitgehend stabil." Dazu schreibt das Handelsblatt am 30.09.2020: **„Klimamilliarden für die Gebäudesanierung verpuffen",** ...„Demnach wurden von 2010 bis 2018 insgesamt 496 Milliarden Euro in die energetische Gebäudesanierung gesteckt."

Wer es hätte wissen wollen, konnte es wissen. So schrieb Die Welt schon am 08.10.2012: **„Wärmedämmung kann Heizkosten in die Höhe treiben"** „Mehrere Studien belegen einen höheren Energieverbrauch bei gedämmten Wohnhäusern."

Zwischen dem Anspruch an die EE nach Unabhängigkeit in der Energieversorgung, preiswertem Strom und Rettung des Weltklimas durch CO_2 Minderung klafft zur Wirklichkeit eine Lücke, die niemals geschlossen werden kann. Eher geht ein Kamel durch ein Nadelöhr. Gleichzeitig soll aber nicht verschwiegen werden, dass es betriebswirtschaftlich durchaus richtig sein kann, Energie zu sparen, in die EE zu investieren und alle Subventionen mitzunehmen, die am Wegesrand liegen. Kein Privater oder ein Unternehmen ist ja schließlich für die Versorgungssicherheit des Landes verantwortlich. Genau das ist der Grund, warum die verschiedenen Akteure wieder und wieder betonen, dass Deutschland seine selbst gesteckten Klimaziele 2030 oder 2050 verfehlen dürfte. So droht nach Einschätzung des Expertenrates der Bundesregierung dass Deutschland seine Klimaziele für 2030 deutlich verfehlen dürfte (Weltonline 04.11.2022). Man kann hier schon getrost konstatieren, dass es für das Weltklima ohnehin unerheblich ist, welche Ziele sich die Bundesregierung steckt? Wer wissen will, warum die Bundesregierung ihre Klimaziele verfehlen dürfte, findet einen Hinweis in einer Mitteilung des AGEB (02.08.2022): **„Energieverbrauch verzeichnet deutlichen Rückgang",**

„Der Verbrauch von Braunkohle lag um 10,6 Prozent über dem Niveau des Vorjahreszeitraumes, aber um etwa 5 Prozent unter dem Vergleichswert von 2019 und folgt somit weiter dem längerfristigen Reduktionspfad. In den ersten beiden Monaten des laufenden Jahres sorgte die hohe Produktion von Strom aus Windanlagen für einen Rückgang bei der Braunkohleverstromung, von März bis Juni stieg der Bedarf von Strom aus Braunkohlekraftwerken hingegen deutlich an, da weniger Strom aus Windenergieanlagen ins Netz eingespeist wurde. Außerdem ersetzte Strom aus Braunkohlekraftwerken einen Teil der Stromerzeugung aus den Ende 2021 abgeschalteten Kernkraftwerken und trug zur Versorgungssicherheit auf dem europäischen Strommarkt bei."

Das ist schön geschrieben. Tatsächlich wird die Braunkohle in Deutschland verstromt, um die Versorgungssicherheit in Deutschland zu gewährleisten. Dass das deutsche Stromnetz auch Teil des europäischen Stromnetzes ist, sei nur am Rande vermerkt. Die fehlende Versorgungssicherheit und ausreichende Strom-Speichermöglichkeit ist das Problem der EE aus Sonne und Wind und zwar für alle Zeiten.

Mehr als 2,5 Mill. Solaranlagen, 30.000 Windräder und 9500 Biogasanlagen schafften am 25.11.2022 keine Versorgungssicherheit, wie

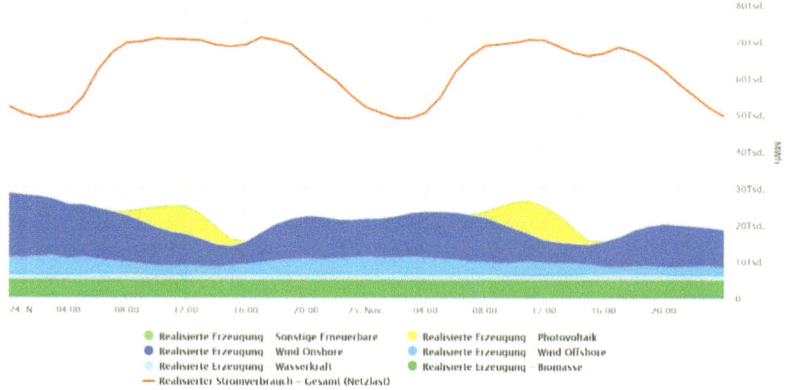

Smard.de ausweist.

Die Lücke zwischen dem Verbrauch (rote Linie) und den Stromlieferungen der EE lässt sich niemals schließen, auch nicht mit einer Verdoppelung oder Verdreifachung der installierten Leistung von EE. Am 24.211.2022 17:00 Uhr steht einem Verbrauch von 71.086 MWh eine Stromproduktion der EE von 17.783 MWh gegenüber, zur Bedarfsdeckung fehlen also 75 %. Jetzt wissen Sie, warum hinter jeder Anlage der EE ein konventionelles Schattenkraftwerk stehen muss und wenn die stillgelegt sind, haben wir den ewigen Blackout der Stromversorgung.

1. Welchen Energiebedarf hat Deutschland?

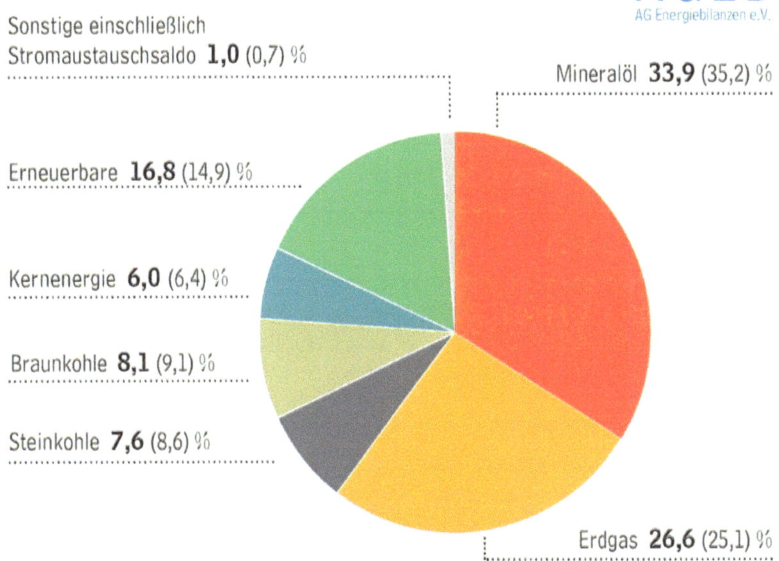

Bedingt durch die Corona-Wirtschaft in 2020 ist der Primärenergiebedarf auf 11.691 Petajoule (PJ) gesunken, verglichen mit 12.805 PJ in 2019 und in 2021 ist er wieder auf 12.265 PJ gestiegen. Um eine bessere Vorstellung davon zu bekommen, wieviel Energie das ist, sind die Werte nachstehend tabellarisch in TWh und kWh berechnet. Mit einer TWh können jährlich 250.000 Haushalte versorgt werden, wenn jeder Haushalt 4000 kWh/a verbraucht. Und rein rechnerisch wird schon heute jeder Bürger durch die EE mit Strom versorgt, tatsächlich aber bekommt er den „schmutzigen" Graustrom.

Energieträger	PJ	TWh	kWh
Mineralöl	3963	1101	1101×10^9
Erdgas	3110	864	864×10^9
Steinkohle	889	247	247×10^9
Braunkohle	947	263	263×10^9
Kernenergie	701	195	195×10^9
Erneuerbare E	1964	546	546×10^9
Sonstige	117	32	32×10^9
Summe (2020)	**11691**	**3248**	$\mathbf{3248 \times 10^9}$

Die EE mit 16,8 % also 546 TWh erscheinen auf den ersten Blick recht ordentlich aber legen auch offen, dass 20 Jahre nach Beginn der Energiewende 83 % des Primärenergiebedarfes immer noch konventionell gedeckt wird. Und etwa 44 % der EE wird aus der Vergärung von Biomasse und der Verbrennung von Holz zur Wärmegewinnung und Elektrifizierung gewonnen. Die Biomasse ist die einzige EE, die stetig nach Bedarf eingesetzt werden kann und so auf eine hohe Anlagenauslastung der etwa 9500 Biogasanlagen kommt. Die Werte für 2020 hat das Umweltbundesamt (UBA) wie folgt genannt:

- 153,82 TWh zur Wärmeerzeugung
- 38,82 TWh als Biokraftstoff und
- 50,6 TWh zur Stromerzeugung
- $\sum = 243{,}2$ TWh

Dahinter stehen mehr als zweieinhalb Millionen Hektar Ackerfläche, also fast ein Fünftel der Gesamtfläche zum Anbau von Energiepflanzen in Konkurrenz zum Teller. Gegen Biogas spricht die schlechte Klimabilanz, weil der Flächenverbrauch im Verhältnis zum Ertrag zu hoch ist und mit der Nahrungsmittelproduktion konkurriert.

„Im Jahr 2021 wurden auf etwa 1,57 Millionen Hektar nachwachsende Rohstoffe für die Biogasproduktion angebaut. Das entspricht etwa neun Prozent der gesamten Landwirtschaftsfläche Deutschlands. Im Jahr 2021 wurden etwa 54 Prozent der erneuerbaren Energie aus Biomasse erzeugt. Allein durch die Biogasproduktion werden 12,2 Prozent des erneuerbaren Stroms und fast zehn Prozent der erneuerbaren Wärme bereitgestellt. Hinzu kommt die Nutzung von Biomethan im Strom- und Verkehrssektor. Derzeit erzeugen in Deutschland etwa 9.600 Biogasanlagen eine elektrische Leistung von mehr als 5.600 Megawatt. Sie liefern ausreichend Strom für mehr als neun Millionen Haushalte und decken rund 5,4 Prozent des deutschen Stromverbrauchs ab. Hinzu kommt die erzeugte Wärme aus Biogasanlagen, die ausreichend für über 2,5 Millionen Haushalte ist und etwa 10 Prozent der produzierten erneuerbaren Wärme ausmacht" (BMEL). Allein die Biogasanlagen erzeugen derzeit (2022) etwa 95 TWh Biogas und verwenden es für 30 TWh Strom, 10 TWh Einspeisung ins Gasnetz und der Rest ist Wärmeerzeugung.

Deutschland hat 2020 ca. 80 Mrd. Nm^3 Erdgas importiert und davon waren 52 Mrd. Nm^3 aus Russland, grob gerechnet 550 TWh. Das sind etwa 55 % des jährlichen Erdgasbedarfes in Deutschland. Die Frage ist jetzt, wieviel Anteil davon durch LNG Einkäufe auf dem Spotmarkt gedeckt werden können? Der Spotmarktpreis ist besonders hoch. Ein Ø LNG Tanker hat ein Fassungsvermögen von ca. 175.000 m^3 Flüssiggas und transportiert eisgekühlt bei − 162 ° C und einer Verdichtung von 1:600. Das ist unter Normbedingungen ein Volumen von 105 Mill. m^3 Erdgas und bei einem Energieinhalt von etwa 11 kWh/Nm^3 bringt ein Tanker mit einer Ladung ziemlich genau 1,15 TWh Energie nach Deutschland. Da ein LNG Tanker auch einen Eigenverbrauch für Antrieb und Kühlung hat liefert er grob gerechnet etwa 1 TWh am Terminal ab. Um das russische Erdgas durch LNG Lieferungen zu ersetzen, müssten in 2023 etwa 550 LNG Tanker ihr Erdgas in Deutschland löschen. Weltweit gibt es etwa 680 LNG Tanker in Betrieb, deren

Fracht auf Jahre hinaus schon ausverkauft ist. Deutschland muss also über den Preis am Spotmarkt aufkaufen, was es bekommen kann. Und das ist nicht viel, grob geschätzt vielleicht 20 % der weggefallenen Lieferungen aus Russland. Deutschland hat derzeit ein einziges LNG Terminal in Wilhelmshaven als schwimmende Anlage in Betrieb genommen die ab Jan. 2023 arbeitsfähig sein soll. Weitere sind in Planung, z.B. in Brunsbüttel. Ein LNG Tanker kann das Flüssiggas nicht einfach in die Pipeline pumpen, sondern es muss vorher vorsichtig erwärmt, also wieder regasifiziert werden um es dann in eine Pipeline einspeichern zu können und die Pipeline muss auch erst angeschlossen werden. Das ist eine aufwendige Technik, die zusammen mit den LNG Terminals gebaut werden muss. Das russische Erdgas wurde sowohl zur Stromerzeugung, zum Heizen und zur Versorgung der Chemie (BASF) als Rohstoff verwendet. Es ist unmöglich für Deutschland, die russischen Energielieferungen die nächsten drei Jahre vollständig durch Lieferungen aus anderen Ländern zu kompensieren, wie folgende Grafik zeigt:

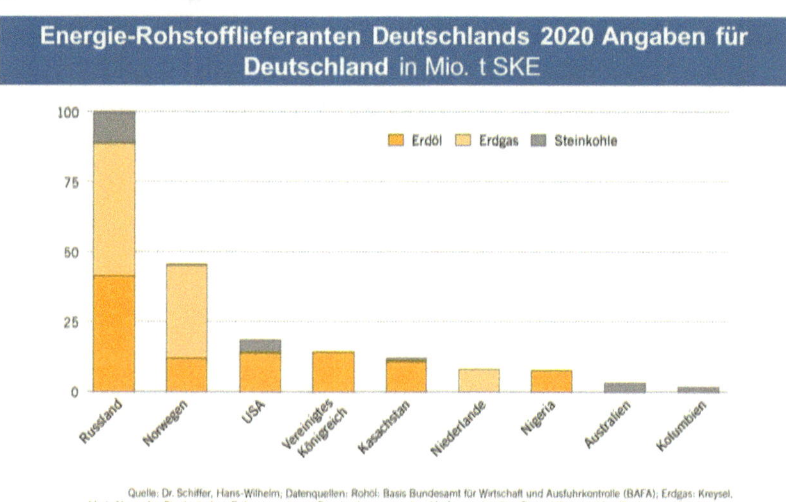

Quelle: Dr. Schiffer, Hans-Wilhelm; Datenquellen: Rohöl: Basis Bundesamt für Wirtschaft und Ausfuhrkontrolle (BAFA); Erdgas: Kreysel, Mark-Alexander, Die deutschen Erdgasimporte aus Russland: gegenwärtiger Umfang, zukünftige Perspektiven und Implikationen – eine Analyse, Aachen 2020; Steinkohle: Statistisches Bundesamt

© Weltenergierat – Deutschland e.V.

„In der Industrie in Deutschland spielen fossile Energieträger nach wie vor eine bedeutende Rolle. Erdgas war im Jahr 2020 der wichtigste

Energieträger mit einem Anteil von 31,2 % am Gesamtverbrauch in der Industrie, gefolgt von Strom (21 %), Mineralölen und Mineralölprodukten (16 %) sowie Kohle (16 %)" (Destatis). Nun haben sich für alle Importenergierohstoffe, ob Erdgas, Erdöl oder Steinkohle die Importpreise vervielfacht, z.T. bis zum Zehnfachen. Dass die Industrie aber auch das Handwerk sich mit dieser Preisentwicklung an die Wand genagelt sieht, liegt auf der Hand und wird viele Arbeitsplätze kosten. Grob geschätzt werden in 2023 etwa 200 TWh Erdgas fehlen, entweder als Chemiegrundstoff, zur Stromerzeugung oder zum Heizen in privaten Haushalten. Die große Unbekannte der Zukunft ist die verfügbare Menge an Erdgas und der Weltmarktpreis? Alles was Deutschland über den Preis aufkauft, fehlt dann in anderen Ländern.

Es ist also völlig illusorisch zu glauben, dass Biogas einen nennenswerten Anteil des russischen Gases durch eine zusätzlich Produktion ersetzen könnte. Und selbst, wenn die gesamte Ackerfläche Deutschlands zur Stromerzeugung aus Biomethan genutzt werden würde, kommen nur etwa 190 TWh zusammen und das ist nicht mehr als ein Drittel der Bruttostromproduktion und es gäbe kein Brot mehr zu essen. In 2017 (2021) wurden mehr als 53 Mill. m^3 (83 Mill. m^3) Holz eingeschlagen, wovon 9,9 Mill. m^3 als Energieholz genutzt wurden, also etwa 19 % des gesamten Holzeinschlages. (Destatis). Und das ist überwiegend Stammholz zusammen mit Holz am Ende der Nutzungsdauer. Das Restholz, also Kronenholz bleibt vorwiegend im Wald zurück. In 2020 ist Biomasse mit einem Anteil von 52 % an der Bereitstellung von erneuerbarer Endenergie noch immer der wichtigste erneuerbare Energieträger. Nicht umsonst schreibt FAZnet am 09.04 2021 **„Panik am Holzmarkt"**, „Auf Baustellen wird das Holz knapp. Sägewerke kommen nicht mehr nach, Amerikaner zahlen das Dreifache – und das „Käferholz" wandert containerweise nach China. Klar ist nur eins: Bauen wird teurer."

Und mit der Zinsanhebung der EZB im Herbst 2022 auf derzeit 2 % für das Hauptrefinanzierungsgeschäft (Leitzins) bei gleichzeitig mehr als 10 % Inflation rückt das eigene Häuschen in weite Ferne.

2. Welchen Beitrag leisten Wind und Sonne zur Bedarfsdeckung?

Zur Realisierung der Energiewende sollen Wind- und Sonnenenergie die größten Beiträge bringen und das sind nach dem neuen Ziel der Bundesregierung 80 % Anteil am Bruttostromverbrauch der EE bis 2030. Das soll erreicht werden durch eine Verdreifachung der Geschwindigkeit beim Ausbau der EE. Der Bruttostromverbrauch ist die Summe der Inlandserzeugung plus Importe minus Exporte, die beim Verbraucher ankommt und lässt sich allein durch eine Erhöhung der installierten Leistung erreichen und unabhängig vom jeweiligen Bedarf. Das Ziel erscheint auch mit zunehmenden Werten allerdings kaum noch realistisch weil die Stromproduktion aus Sonnen- und Windenergie ganz offensichtlich ihre Grenze an „energiegeladenen" Jahresstunden gefunden hat. Oder anders ausgedrückt, man kann zwar die installierte Leistung erhöhen, jedoch nicht das zur Verfügung stehende Energiedargebot. Wenn die Sonne nicht scheint und kein Wind weht wird kein Strom produziert, egal, wie viele Anlagen auch installiert sind. Versorgungssicherheit ist beim Ausbau der EE daher auch kein Ziel. Die folgenden Tabellen machen das „Dilemma" der Energiewende deutlich:

Erneuerbare Energien Jan.-Sept. 2022 (6570 Std.)				
EE Anlage	Inst. Leist. [GW]	Produktion [TWh]	Anzahl Anlagen	Auslastung [Std/a]*
WEA onshore	56,85	72,6 96,8*	28287	1702*
WEA offshore	7,8	16,8 22,4*	1501	2872*
Photovoltaik	63,52	49,52 66,03*	2, 4 Mill.	1038*
Summe	128,17	138,9 185,2*		1084 1445*

* extrapoliert auf 1 Jahr Auslastung mit 8760 Std.

Erneuerbare Energien 2021				
EE Anlage	Inst. Leist. [GW]	Produktion [TWh]	Anzahl Anlagen	Auslastung [Std/a]
WEA onshore	56,3	89,63	28230	1592
WEA offshore	7,8	23,98	1501	3074
Photovoltaik	59,5	48,4	2, 2 Mio.	813
Summe	123,6	162		1311

Trotz Erhöhung der installierten Leistung um 6,9 GW (6 %) in 2021 gegenüber 2020 ist der Ertrag 2021 um 18 TWh (10 %) eingebrochen. Ein stetiger Ausbau der Anlagen bedeutet also nicht zwangsläufig auch eine höhere Stromproduktion, das hängt vom Wetter ab.

Erneuerbare Energien 2020				
EE Anlage	Inst. Leist. [GW]	Produktion [TWh]	Anzahl Anlagen	Auslastung [Std/a]
WEA onshore	55	103,1	29608	1874
WEA offshore	7,7	26,9	1501	3493
Photovoltaik	54	51,4	1, 9 Mill.	952
Summe	116,7	180*		1543

*entspricht 5, 5 % des Primärenergiebedarfes Deutschlands

Erneuerbare Energien 2018				
EE Anlage	Inst. Leist. [GW]	Produktion [TWh]	Anzahl Anlagen	Auslastung [Std/a]
WEA onsh.	52,7	95,8		1818
WEA offsh.	6,4	19,0		2969
Photovolt.	45,5	45,7		1004
Summe	104,6	160,5		1535

Erneuerbare Energien 2015				
EE Anlage	Inst. Leist. [GW]	Produktion [TWh]	Anzahl Anlagen	Auslastung [Std/a]
WEA onsh.	41,2	77,65		1889
WEA offsh.	3,4	8,41		2474
Photovolt.	39,8	38,8		975
Summe	84,4	124,86		1479

Erneuerbare Energien 2010				
EE Anlage	Inst. Leist. [GW]	Produktion [TWh]	Anzahl Anlagen	Auslastung [Std/a]
WEA onsh.	26,8	37,6		1403
WEA offsh.	0,08	0,176		2202
Photovolt.	17,9	11,7		653
Summe	44,78	49,48		1105

Wind- und Sonnenenergie zusammen haben also im Jahresdurchschnitt von 2020 bis 2022 eine Kapazitätsauslastung von Ø 1433 Std./a von 8760 Jahresstunden, also 16,35 % und daran ändert sich auch nicht mehr viel, wenn noch mehr Anlagen der EE installiert werden. Strom gibt es nur, wenn die Sonne scheint, also tagsüber oder der Wind weht. Der Grenznutzen jeder weiteren Anlage wird immer kleiner und führt nicht zu einer höheren Versorgungssicherheit, sondern erhöht den Spitzenstrom, die „Produktionsausschläge" werden größer, insbesondere zu Starkwindzeiten im Frühjahr und Herbst oder im Sommer um die Mittagszeit. D.h. mit jeder Anlage der EE steigt das Stromangebot absolut, die theoretische Kapazitätsauslastung sinkt jedoch relativ zur installierten Leistung. Die besten Wind-Standorte sind ja schon mit WEA belegt.

Die folgende Grafik aus Smard.de zeigt die Kapazitätsauslastung der Strominfrastruktur aus 2015 bis 31.12.2021:

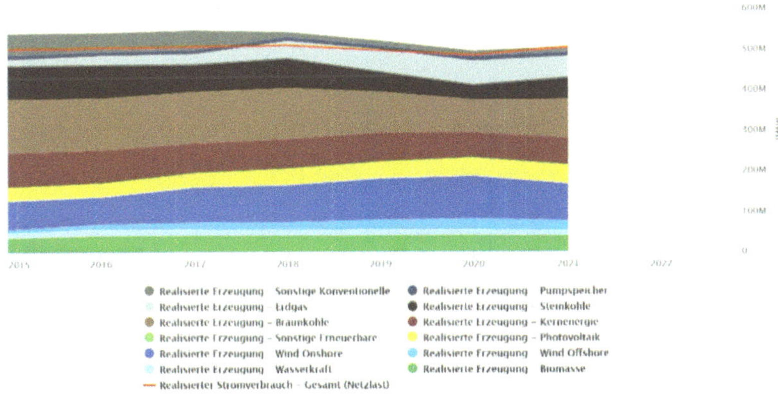

Das Bild zeigt die Energieerzeugung insgesamt aus konventioneller und erneuerbarer Energietechnik von 2015 bis 2021, also über 7 Jahre. Der mittlere, durchgehende gelbe Streifen ist die realisierte Stromerzeugung durch Solarenergie und alle darunter liegenden Streifen zeigen die realisierte Erzeugung onshore, offshore Wasserkraft und Biomasse. Über der Solarenergie liegen die konventionellen Energien Braunkohle, Kernenergie, Steinkohle, Erdgas, Pumpspeicher und sonstige Konventionelle. Die Flächen oberhalb der roten Linie zeigen einen Produktionsüberschuss an, der i.d.R. exportiert wird. Deutschland hat z.B. in 2020 66,9 TWh exportiert und 48 TWh importiert, in 2021 70,3 TWh exportiert und 51,7 TWh importiert (Destatis). Ein weiterer Ausbau der EE führt zu einem höheren Spitzenangebot und damit Export von Strom bei gleichzeitig steigendem Import als Folge der Abschaltung konventioneller Kraftwerke. Beide Entwicklungen verringern die Strom-Versorgungssicherheit in Deutschland.

So wird die Kanzlerentscheidung vom 17.10.22 verständlich, die drei noch verbliebenen Kernkraftwerke bis zum 15. April 2023 weiter am Netz zu belassen. Das wird die Strommangelsituation jedoch nicht beseitigen, allenfalls zeitweilig mindern. Denn auch nach dem 15. April wird sich die Welt weiterdrehen.

Der gleiche Zeitraum ohne konventionelle Energien führt zu folgender Grafik:

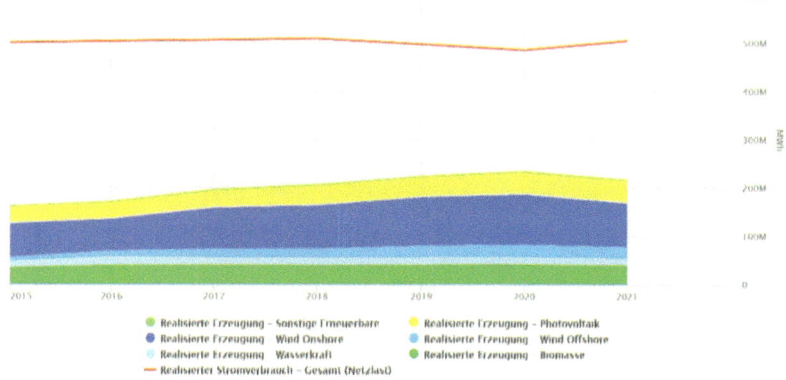

Sehr deutlich ist zu sehen, dass die Bedarfsdeckung mit Sonnen- und Windstrom zu keiner Zeit in der Lage war und ist, den Strombedarf Deutschlands zu decken. Ohne eine konventionelle Stromerzeugung steht Deutschland bald im Dunkeln, plangemäß und erwartungsgemäß in 2023. Der Anteil der EE am Primärenergiebedarf Deutschlands betrug 2021 nur 15,9 % und damit 0,7 % weniger als 2020.

Darüber hinaus zeigt die Analyse des Zeitraumes von 2015 bis 2022, dass sich die EE aus Sonne und Wind asymptotisch einer imaginären Line annähern, die offensichtlich nicht durchbrochen werden kann? Um das näher zu untersuchen vergleichen wir die installierte Leistung in einer Zeitreihe von 2015 bis 2022 und hinterfragen den Grenznutzen. Die Anzahl der Anlagen spielt dabei keine Rolle sondern nur die installierte Leistung.

Werden die Werte jetzt tabellarisch in Excel aufbereitet, ergibt sich die folgende Grafik, die den asymptotischen Charakter der Leistungserbringung bestätigt.

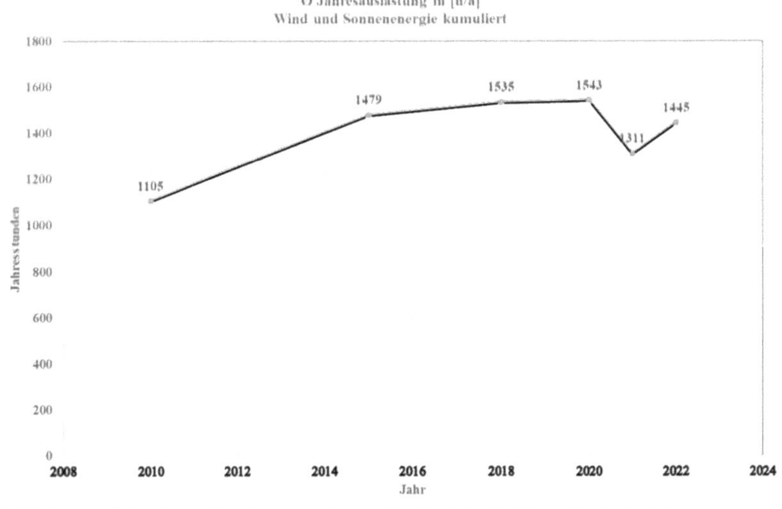

Die durchschnittliche Jahresauslastung von Wind- und Sonnenenergie steigt unterproportional zur installierten Leistung und ist in 2021 sogar gefallen. Die installierte Leistung Sonne und Wind kumuliert ergeben 2015 verglichen mit 2020 eine Erhöhung von 32,3 GW also 38 %. Die kumulierte Auslastung ist dagegen nur von 1479 auf 1543 Stunden, also 4,32 % gestiegen. Und bis 2021 ist die installierte Leistung Sonne und Wind gar von 84,4 GW auf 123,6 GW also 39,2 GW oder 46 % gestiegen. Die Auslastung hat sich dagegen auf 1311 Kapazitätsstunden verringert, also um 168 Std oder ca. 10 %. Jetzt versteht hoffentlich jeder, was es bedeutet, wenn sich Deutschland eine volatile Stromversorgung leistet, sozusagen eine zweite Stromerzeugungsinfrastruktur neben der konventionellen Infrastruktur und zwar aus rein ideologischen Gründen. Der deutsche Stromkunde bezahlt also nicht nur die Investitionen in EE und ihre fortwährende Subventionierung der Stromerzeugung, sondern auch die Investitionen und Energierohstoffe der konventionellen Kraftwerke. Kein Wunder also, wenn die

Strompreise steigen und die Wettbewerbsfähigkeit der Industrie sinken. Etwas anderes ist nicht möglich. Aus wirtschaftlichen Gründen kann es daher für die Strombereitstellung nur eine Lösung ohne Wind- und Solarenergie geben. Die fossilen Energien sind die Brückentechnologie bis zur flächendeckenden Versorgung mit Strom aus Kernenergie.

Die Auslastung für 2021 zeigt eine Auslastung von 1311 Std., bricht also nicht den Trend. Eine noch weitere Erhöhung der Leistung von Sonnen- und Windenergie führt vielleicht zu einer max. Auslastung von 1600 Volllaststunden/a, was aber letztlich nur knapp 19 % der Jahresstunden beträgt.

Daran zeigt sich deutlich, dass eine weitere Erhöhung der installierten Leistung der EE zwar trendmäßig die Bruttostromproduktion erhöht, wenn das Wetter mitspielt, jedoch ihr Beitrag zur Erhöhung der Versorgungssicherheit nur marginal steigt und die Risiken der Zuverlässigkeit und Systemsicherheit eher zunehmen. Die Systemsicherheit wird ausschließlich durch ein sog. „Bilanzkreis- und Ausgleichsenergiesystem" rein durch fossile Energien gewährleistet (Ausgleichs- und Regelenergie). Es ist ausschließlich dafür geschaffen worden, die Volatilität der EE zu kompensieren. Und dieses System sorgt dafür, dass genau so viel Strom in das Stromnetz eingespeist wird, wie gleichzeitig aus diesem entnommen wird. Sonst würde es mit EE allein überhaupt kein funktionierendes Stromnetz geben.

Bei weiter steigendem Ausbau der EE und Abbau der konventionellen Energien wird die Folge also ein überproportional steigender Stromexport in Spitzenzeiten bei gleichzeitig hohem Stromimport in Mangelsituationen sein. So titelt denn auch Weltonline am 20.10.2022: **„Lindner hofft auf französische AKW zur Lösung der deutschen Energiekrise".** Wer soll noch verstehen, dass Deutschland die eigenen AKWs mutwillig außer Betrieb setzt und gleichzeitig Frankreich um Atomstrom bittet? Man versteht jetzt gleichzeitig auch die Bemühungen der Branche, überschüssigen Strom in Spitzenzeiten von Sonne und Wind in Power-to-Gas oder e-Fuels Projekten in der Elektromobilität oder Sektorkopplung zu vernichten. Vernichten deshalb, weil der End-Wirkungsgrad viel zu gering ist, um einen volkswirtschaftlichen Nutzen daraus zu ziehen. Hier wird Strom produziert nur weil die Sonne scheint oder der Wind weht, ihn aber niemand braucht. Alle Versuche zur Stromspeicherung sind bislang über das Entwicklungs- und Prototypenstadium nicht hinausgekommen, wohlgemerkt im TWh-Bereich. Volkswirtschaftlich besser wäre es, eine nicht benötigte kWh gar nicht erst zu produzieren, anstatt sie zu subventionieren, um dann mit viel Aufwand aus 100 % 30 % zu machen. Aber das ist ein systemimmanenter Fehler. Und die Elektromobilität lebt von Graustrom und nicht von den EE, denn dazu fehlt ihr die Versorgungssicherheit der konventionellen Energieträger.

Man kann also deutlich feststellen, dass der bisherige und erst recht der weitere Ausbau der EE volkswirtschaftlich nutzlos ist und nur deswegen weiter ausgebaut werden soll, weil jede kWh Einspeisung in das Stromnetz die staatliche Vergütung an die Investoren der Netze und EE-Anlagen garantiert. Die Energiewende bewirkt eine Spaltung der Gesellschaft durch Umverteilung von unten nach oben. Das geschieht ganz einfach durch eine finanzielle Beteiligung der wirtschaftlich Stärksten an Projekten der EE aber auch durch Inanspruchnahme eines tiefgestaffelten Subventionssystems z.B. bei der Anschaffung eines Elektroautos, einer Wärmedämmung oder die Beteiligung an einem Windpark. So werden aus Betroffenen natürlich Beteiligte, die ihre eigenen Interessen nicht verraten werden, weil Ihr Einspeisevertrag z.B. noch 15 Jahre läuft. Für die Grünen ist die Energiewende der Einstieg in eine neue Gesellschaft, die Überwindung des Kapitalismus. Wenn sie in einer Mangelsituation, (Strom, Gas, Kohle, Lebensmittel, Sprit, usw.) den Bürgern durch staatliche Unterstützung helfen können, beginnt eine neue, gerechte, demokratische und sozialistische Zeit.

Deshalb macht die Bundesregierung auch weiter und hat das „Osterpaket" zum beschleunigten Ausbau der erneuerbaren Energien beschlossen. Das Paket ist der „Beschleuniger für den Ausbau der erneuerbaren Energien", erklärte Bundeswirtschafts- und Klimaschutzminister Robert Habeck zum Beschluss des Bundeskabinetts am 6. April 2022. Der Anteil der erneuerbaren Energien am Bruttostromverbrauch wird innerhalb von weniger als einem Jahrzehnt fast verdoppelt. Zudem wird die Geschwindigkeit beim Ausbau der erneuerbaren Energien verdreifacht – zu Wasser, zu Land und auf dem Dach.

„Die erneuerbaren Energien liegen künftig im öffentlichen Interesse und dienen der öffentlichen Sicherheit. Das ist entscheidend, um das Tempo zu erhöhen", betonte Habeck. Das Osterpaket schaffe die Voraussetzungen „für die Energiesicherheit und die Energiesouveränität Deutschlands". Zugleich lege es die Grundlagen dafür, dass Deutschland klimaneutral wird. Weitere wichtige Bestandteile des Osterpaketes zielen auf den Ausbau des Stromnetzes sowie der Offshore-Windenergie. Das Gesetz tritt am 1. Januar 2023in Kraft und heißt: **„Gesetz zu Sofortmaßnahmen für einen beschleunigten Ausbau der erneuerbaren Energien und weiteren Maßnahmen im Stromsektor."**

Wir werden sehen, dass alles ist für die Katz. Weder wird der Strom für die Verbraucher billiger noch verringert Deutschland die Abhängigkeit von fossilen Energien noch steigert sich die Versorgungssicherheit mit einem Ausbau der EE. Der einzige Effekt ist die Erhöhung der Bruttostromproduktion unabhängig von der Nachfrage und natürlich mehr Steuern für den Staatshaushalt, immerhin ca. 78 Mrd. € für Steuern und Abgaben 2020.

Es geht weder um Klimaschutz noch um Versorgungssicherheit, sondern allein um die Rendite der Investoren, immerhin bis zu 9 % für die Netzbetreiber. Wo gibt es das heute schon? Und knapp 40 Mrd. €/a zieht der Bundesfinanzminister in sein Staatssäckel, allein aus der Energiesteuer. Großzügig hat er deshalb für 2021 und 2022 die Erhöhung der EEG-Umlage übernommen und zukünftig wird sie aus dem Bundeshaushalt finanziert. Also kein Grund, die Energiewende zu beenden, wenn man an der Quelle sitzt. Der weitere Ausbau der EE wird also in jedem Fall die Bruttostromproduktion, den Export und auch den Import erhöhen und damit auch den Strompreis.

In der Broschüre VGB Powertech „Zahlen und Fakten Strombezug 2018/2019" ist ein Artikel **„Beitrag der Windenergie zur gesicherten Kapazitätsbereitstellung in Europa"** und da lässt sich folgendes lesen:

„Die kumulierte Nennleistung der Windenergieanlagen in Deutschland hat sich von Anfang 2011 bis Ende 2017 um mehr als das Doppelte (+ 107 %) auf 56.000 MW erhöht. Die Jahresstromproduktion aus Windenergie legte auf 107 TWh zu (+ 114 %), entsprechend einem Anteil am Bruttoinlandsstromverbrauch von 18 %. Zu Fragen der gesicherten Leistung zeigt die Auswertung der Entwicklung der Jahresminimalwerte der Erzeugungskapazitäten, dass diese seit 2011 durchweg kleiner als 160 MW sind, obwohl sich die Nennleistung mehr als verdoppelte. Die Erwartung ausbaubedingt ansteigender Minimalwerte in einem Maße, dass diese einen Ersatz konventioneller Kraftwerksleistung ermöglichen würde, hat sich bis heute praktisch nicht erfüllt: Windenergie in Deutschland hat konventionelle - disponible - Kraftwerksleistung von maximal 158 MW ersetzt. Disponible Backup-Leistung nach heutigem Stand der Technik ist somit auch weiterhin quasi bis zur Jahreshöchstlast zuzüglich Reserven vorzuhalten. Zum Vergleich: 2016 trat die deutschlandweite Jahreshöchstlast von 80.400 MW am 7. Dezember um 17:45 Uhr auf. Photovoltaik ist nachts und im Winterspätnachmittags zu 100 % nicht verfügbar (gesicherte Leistung 0 MW)." (Ende Zitat). Und 11/2022 schreibt der vgbe zu den festen Brennstoffen:

„Konventionelle Kraftwerke werden auch in den kommenden Jahrzehnten unverzichtbar für eine sichere Energieversorgung sein – insbesondere vor dem Hintergrund, dass die regelbare Erzeugung derzeit die wichtigste Flexibilitätsoption im Energiesystem darstellt.
Die Technik der Erzeugung von Strom und Wärme aus festen Brennstoffen wie Kohle, Biomasse und Abfall ist durch hohe Komplexität gekennzeichnet und erfordert in hohem Maße Know-how, wie es der VGB mit seinem Expertennetzwerk bietet."

Feste Brennstoffe sind ausschließlich kohlenstoffhaltige Brennstoffe und damit ist eine Dekarbonisierung im Bereich der Visionen anzusiedeln, jedenfalls nicht in den nächsten Jahrzehnten. Wer dekarbonisieren will, kommt an der Nutzung von Kernenergie nicht vorbei, der einzig sinnvollen Option zur Energiewende.

Dazu folgende Stromproduktion am 09.03.2021 von SMARD.de:

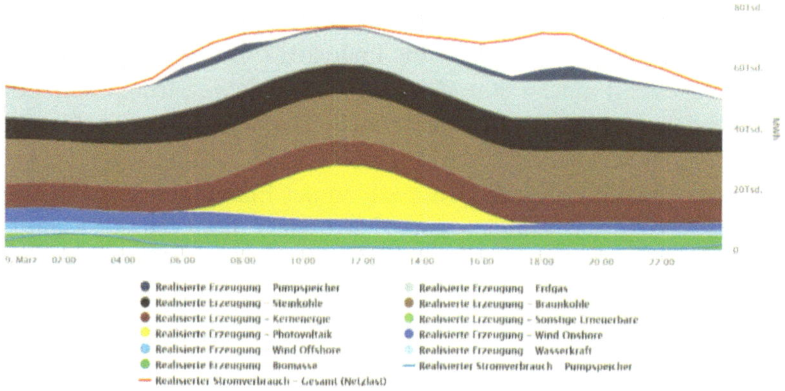

Die Produktionskurven der konventionellen und erneuerbaren Energieträger zeigen ganz deutlich die überragende Leistung der konventionellen Kraftwerke, weil die EE nicht liefern konnten. Und es gibt ca. ab 16:00 Uhr sogar eine Strommangelsituation, die nur durch Importstrom ausgeglichen werden konnte.

Und ganz ohne konventionelle Kraftwerke zeigt sich am gleichen Tag simuliert folgende Strommangelsituation:

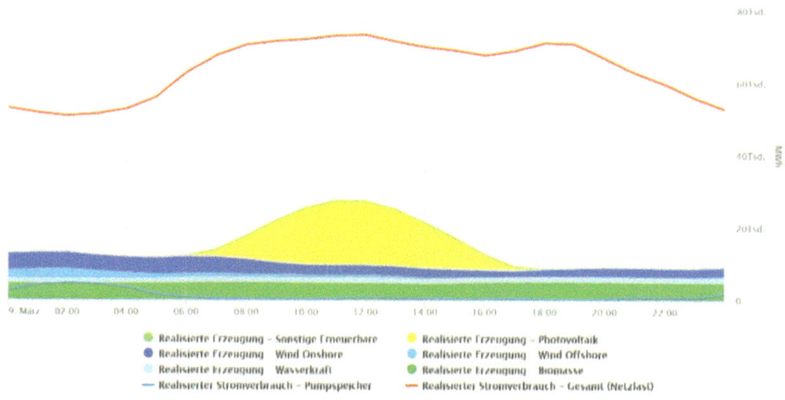

Die Lücke zwischen dem Angebot an Sonnen- und Windstrom und dem Bedarf ist zu keiner Zeit durch EE zu schließen.

40

Spätestens dann, wenn die konventionelle Kraftwerkstechnik weitgehend außer Betrieb gesetzt ist und keinen Beitrag mehr zur täglichen Bedarfsdeckung leisten kann, holt uns der Strom-Blackout ein und er wird nicht mehr weggehen. Den Anlagen der EE fehlt schlicht und einfach die Schwarzstartfähigkeit der konventionellen Kraftwerke, also der Neustart von Null. Eine erste Überschlagsrechnung zeigt, dass das Minimum an installierter Leistung etwa bei 45 bis 50 GW liegt. Wenn die Erdgasverstromung ausfällt, ist diese Grenze schon erreicht. Allein zwischen 2012 und 2021 hat die BNA eine konventionelle Kraftwerkskapazität von 31 GW endgültig stillgelegt. Im Normalfall braucht Deutschland zur Aufrechterhaltung einer ständigen Versorgungssicherheit jedoch ca. 90-100 GW installierte, konventionelle Leistung und keine einzige Anlage der EE. Mit dieser Leistung kann man einzelne Kraftwerke auch zur Instandsetzung außer Betrieb nehmen. Umgekehrt gilt das nicht wegen der Unfähigkeit der EE zu jeder Zeit Versorgungssicherheit bieten zu können. So leistet sich Deutschland eine zweite, völlig überflüssige Strominfrastruktur zu Kosten, jenseits 1 Billion Euro. Das Volk verarmt durch Umverteilung von unten nach oben und zwar aus rein ideologischen Gründen.

Kommen wir in der Betrachtung zurück auf das obige Bild vom 09.03.2021. Nur einen Tag später, vom 10.03 bis 12.03 2021 war die Produktionssituation völlig anders:

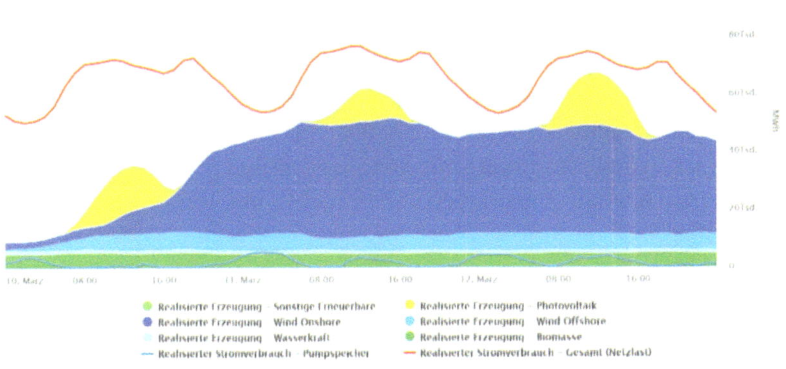

Die Erzeugung von Windstrom onshore war weitaus größer und hat den konventionellen Strom regelrecht aus dem Netz gedrängt, ihn aber nicht ersetzen können. Bis auf einige Stunden im Jahr können die EE die Versorgungssicherheit niemals herstellen, wir brauchen sie aber 8760 Std/a. Alle Angaben aus Smard.de können Sie übrigens selbst nachvollziehen. Simulieren Sie ruhig verschiedene Situationen.

Es ist daher eine logische Schlussfolgerung, dass unser Strom aus der Steckdose nur Graustrom sein kann, dessen Zusammensetzung ständig schwankt zwischen konventionellem und erneuerbarem Strom und er wird an der Strombörse bestimmt. Wenn die EE Stromproduktion tatsächlich einmal stundenweise den Bedarf übersteigt, wird der bedarfsüberschießende Anteil plus der konventionell erzeugte Strom exportiert. Diese plötzliche Spitzenlast ist für eine Wasserstoffelektrolyse (P-t-G) völlig ungeeignet. Daher braucht Deutschlands Stromnetz die Einbindung in das europäische Stromverbundnetz (EV). Wäre das nicht der Fall oder würden alle Nachbarländer den Stromzufluss aus Deutschland blockieren, wäre das Stromnetz in Deutschland schon längst kollabiert. Zuflussmenge = Abflussmenge zu jeder Zeit, fordert das Kirchhoffsche Gesetz und das seit 1845. Und bei einer regelrechten Dunkelflaute gibt es 100 % konventionellen Strom aus der Steckdose und Graustrom aus dem Ausland, das kann schon einmal tageweise dauern. Die in obigen Grafiken aus Smard.de gezeigte „Spitzenleistung" der Windenergie im Netz wird mit dem weiteren Ausbau der EE noch zunehmen aber trägt eben nichts zur Versorgungssicherheit bei, sondern erhöht nur die Bruttostromproduktion. Im Gegenteil, verlangt diese Spitzenleistung sog. Systemdienstleistungen, um Spannung und Frequenz sowie die Blindleistung im Netz stabil zu halten. Und jede Einspeisung ins Netz, egal ob notwendig oder nicht, wird subventioniert. Jetzt wissen Sie, dass der Trassenbau in den Süden notwendig ist, damit die Investoren eine anständige Verzinsung für ihr investiertes Kapital bekommen, aber nicht, um das Weltklima zu schützen.

Die DENA hat schon am 15.08.2012 folgenden Abschlußbericht vorgelegt: **„Integration der erneuerbaren Energien in den deutsch-europäischen Strommarkt"** und darin heißt es im Management Summary: „Auch und gerade weil die Stromerzeugung aus fluktuierenden erneuerbaren Energien bis 2050 stark ausgebaut wird,

42

bleibt das deutsche Stromsystem auch im Jahr 2050 noch in einem beträchtlichen Umfang auf konventionelle Kraftwerke angewiesen."

Wer also angesichts dieses Erkenntnisstandes auch weiterhin konventionelle Kraftwerke in Deutschland vom Netz nehmen will, um sie danach in die Luft zu sprengen (Philippsburg), ist nicht etwa umweltfreundlich, sondern sucht offensichtlich den Blackout in der Stromversorgung und provoziert den gesellschaftlichen Kollaps.

Oder er hält sich einfach an die RICHTLINIE (EU) 2018/2001 DES EUROPÄISCHEN PARLAMENTS UND DES RATES vom 11. Dezember 2018 zur Förderung der Nutzung von Energie aus erneuerbaren Quellen (Neufassung) und die schreibt in Art. 1 (Gegenstand) vor:

„Mit dieser Richtlinie wird ein gemeinsamer Rahmen für die Förderung von Energie aus erneuerbaren Quellen vorgeschrieben. In ihr wird ein verbindliches Unionsziel für den Gesamtanteil von Energie aus erneuerbaren Quellen am Bruttoendenergieverbrauch der Union für 2030 festgelegt."

Dass ist ein absolut beispielloses Dokument, in welchem Rahmen innerhalb der EU die Förderung Erneuerbarer Energien durch politische Zielsetzungen erzwungen wird und zwar mit einem Regelwerk, das jede Wahrung der Vernunft vermissen lässt. Schon die Trennung zwischen Stromerzeugung (Kraftwerke) und Stromverteilung (Netzbetreiber) ist auf Druck der EU in Deutschland vollzogen worden und das ist nicht systemdienlich. Es ist absolut unverständlich, warum sich die deutsche Automobilindustrie einem EU-Regelwerk unterwirft in der Begrenzung des CO_2 Ausstoßes von Verbrennerfahrzeugen und gleichzeitig die Umweltneutralität von Elektrofahrzeugen akzeptiert. Jede Stromladung aus dem öffentlichen Netz ist ausschließlich Graustrom, produziert in konventionellen Kraftwerken mit garantierter Erzeugung von CO_2 in konventionellen Kraftwerken. Niemand hat ja einen direkten Anschluss an einen Solar- oder Windpark und durch die Vorrangeinspeisung der EE kann eine zusätzliche Nachfrage durch Elektrofahrzeuge nur durch konventionelle Kraftwerke gedeckt werden.

3. Welche Speichermöglichkeiten gibt es für überschüssig produzierten Strom?

Überschüssig produzierter Strom ist Strom, der zum Zeitpunkt der Erzeugung nicht benötigt und deshalb vorwiegend in die Nachbarländer exportiert wird. Da dieser Strom nicht benötigt wird, „kostet er auch nichts" und manchmal müssen die Netzbetreiber den Strom auch verschenken oder sogar noch bezahlen, damit ein Nachbarland den Strom abnimmt. Allerdings muss der Verbraucher jede eingespeiste kWh aus EE über die EEG-Umlage auch bezahlen, egal, wie der Strom verwendet wurde. Und in Strommangelzeiten muss Strom aus dem Ausland importiert werden, der i.d.R. teuer ist, als der exportierte Strom. Exportiert wird Kohle- und Kernenergiestrom, der im Netz von den EE verdrängt wird aufgrund der Vorrangeinspeisung nach § 11 EEG. Es ist nicht etwa so, dass der Kohlestrom die Netze verstopft, sondern die EE drängen den konventionellen Strom aus dem Stromnetz ins Ausland. So ist das natürlich ein unhaltbarer Zustand und deswegen gehen die Überlegungen der Branche in Power-to-Gas oder Flexibilisierung des Stromangebotes, umso die sog. Grundlast der Kohlekraftwerke zu ersetzen. Flexibilisierung in diesem Sinne heißt Kontingentierung.

Das ist natürlich Unfug vom Feinsten, denn alle Überlegungen werden nur deshalb angestellt, weil die Projekte ausnahmslos subventioniert werden. Ohne Subventionen aus den stetig steigenden Strompreisen ließe sich kein Investor finden.

Tatsächlich lässt sich Wechselstrom aus physikalischen Gründen nicht speichern und für Gleichstrom existiert keine Batterie, die Strom in der benötigten Menge speichern könnte. Deutschland hat pro Tag einen durchschnittlichen Strombedarf von 1,5 TWh. Wollte man den Strombedarf nur eines Tages überschüssig speichern, so müssten die EE am Vortag 3 TWh erzeugen. Aus der eingangs genannten Tabelle lässt sich entnehmen, dass Sonne und Wind in 2020 180 TWh insgesamt erzeugt haben, also 0,5 TWh/d, keine Chance also, die 6-fache Menge an Strom zu produzieren. Nehmen wir trotzdem an, dass es irgendwie gelingt, 1,5 TWh/d überschüssig zu produzieren und diese Strommenge in einer Li-Io Batterie zu speichern. Die Speicherdichte einen Li-Io Batterie (Akkumulator) beträgt ca. 0,2 kWh/kg. Und für

1,5 TWh benötigen wir daher eine Batterie mit einem Gewicht von 7,5 Mill. t, also unmöglich, auch nur den Tagesbedarf an Strom zu speichern. Aber natürlich gibt es auch Batteriespeicher in Deutschland. Die BNA weist für 2018 knapp 16.000 Speicher aus mit einer Speicherkapazität von 112.846 kWh, also 0,00013 TWh. Das bedeutet, die Batteriespeicher decken den Strombedarf für genau 7,5 s, dann sind sie leer. Und für 2022 meldet der mdr am 02.10.2022: „Stromspeicher: Speicherkapazität in Deutschland steigt rasant", ..."Das geht aus einer aktuellen Studie des Teams um Jan Figgener von der RWTH Aachen hervor. Insgesamt gebe es laut den Forschenden inzwischen 430.000 stationäre Stromspeicher mit einer Gesamtleistung von 4,5 Gigawattstunden. Der deutsche Speichermarkt gehöre damit zu einem der führenden Märkte auf der Welt. ...Bis 2030 benötigt Deutschland rund 100 Gigawattstunden Speicherleistung". Unter der Annahme, dass diese 4,5 Gigawattstunden im Notfall tatsächlich in das Stromnetz einspeisen können, kann damit der Tagesbedarf für 4,3 Min. gedeckt werden und bei 100 GWh sind es bereits 96 Min. Das wäre im Übrigen eine technische Meisterleistung, die noch nirgendwo erbracht wurde. Dann ist die gespeicherte Energie verbraucht. Es kann also keine Rede davon sein, dass Deutschland Speichermöglichkeiten "noch und nöcher" zur Verfügung hat.

Bleibt noch der Lagespeicher, also Pumpspeicherkraftwerke, die überschüssigen Strom verwenden, um Wasser auf ein höheres Lageniveau zu pumpen, um es im Bedarfsfall wieder ganz schnell in Strom zu verwandeln. Ein perfektes Prinzip, was leider einen Haken hat. Die DENA gibt an, dass 2015 8 TWh in deutschen Pumpspeicherkraftwerken gespeichert wurde, also viel zu wenig und diese sind außerdem keine Primär- sondern Sekundärenergiequelle. Pumpspeicherkraftwerke können blitzartig die sog. Residuallast liefern, also die Differenz zwischen Produktion der EE und dem Bedarf und stellen damit Regeldienstleistung zu Verfügung, aber erst, nachdem sie vorher aufgeladen wurden. Das größte deutsche Pumpspeicherwerk Goldisthal hat eine Leistung von 1,06 GW und kann 8,5 GWh liefern. Wir würden also 176 x Goldisthal benötigen, um auch nur den Strombedarf eines Tages von 1,5 TWh zu decken. Also auch keine Lösung. Da es

Goldisthal in Deutschland nur einmal gibt, ist der Netzbetreiber Tennet in Norwegen fündig geworden mit NordLink. **„Norwegen wird zur Batterie für die deutsche Energiewende",** schreibt Weltonline am 05.04.2021 und Tennet vermeldet auf ihrer Internetseite:

„NordLink, das "grüne Kabel", ist die erste direkte Stromverbindung zwischen Deutschland und Norwegen. Die Hochspannungs-Gleichstromverbindung wird den Austausch von 1.400 Megawatt erneuerbarer Energie – Windkraft aus Deutschland und Wasserkraft aus Norwegen – ermöglichen. Damit leistet NordLink einen entscheidenden Beitrag für die Energiewende in Deutschland und in Europa. Der Energieaustausch über NordLink wird die Versorgungssicherheit sowohl für das deutsche als auch das norwegische Stromnetz erhöhen und den Austausch erneuerbarer Energien, insbesondere aus Wasserkraft und Wind, zwischen den beiden Ländern ermöglichen. Dies wird sich nicht nur positiv auf die Energiepreise auswirken, sondern auch die Integration des europäischen Strommarktes weiter vorantreiben. ... Die Verbindung der norwegischen Wasserkraft mit der deutschen Windenergie bietet Vorteile für beide Länder. Wenn beispielsweise in Deutschland ein Überschuss an Windenergie erzeugt wird, kann dieser über NordLink nach Norwegen übertragen werden. Die Wasserspeicher in Norwegen dienen dann als "natürliche Speicher" für die Windenergie, indem das Wasser in den Speichern verbleibt. Umgekehrt kann Deutschland bei hohem Bedarf Energie aus Wasserkraft aus Norwegen importieren."

NordLink ist seit April 2021 im Dauerbetrieb. Norwegen verbraucht selbst etwa 150 TWh Strom, den es zu 95 % aus Wasserkraft erzeugt. Ein traumhafter Wert. Und Norwegen exportiert auch Strom, im Durchschnitt 0,06 TWh/d, das sind 4 % des täglichen Bedarfs in Deutschland. Also nicht der Rede wert, aber die norwegischen Wasserspeicher sind schwarzstartfähig und können Deutschland aus einem Blackout helfen, wenn die konventionellen Kraftwerke in Deutschland abgestellt sind. Wer glaubt, dass diese winzige Strommenge die Versorgungssicherheit in Deutschland erhöhen würde oder gar für stabile Energiepreise sorgen könnte, liegt leider falsch.

Bleibt noch als letzter Hoffnungsträger Power-to-Gas also die Wasserstofferzeugung durch Elektrolyse mit anschließender Speicherung, Verdichten und Rückverstromung mit einem Endwirkungsgrad von max. 30 %. Die Idee ist, überschüssigen Strom aus EE zu elektrolysieren um den Wasserstoff zu speichern. Es gibt unterschiedliche Verfahren der Elektrolyse aber allen ist gemeinsam, dass sie sehr empfindlich auf eine volatile Einspeisung von Sonnen- und Windstrom reagieren und die verwendeten Materialien dadurch einem erhöhten Verschleiß unterliegen. Eine großflächige Wasserstofferzeugung mit EE in der Elektrolyse ist bis heute nicht gelungen. Insofern muss man die gemeinsame Absichtserklärung zwischen der Regierung der Bundesrepublik Deutschland und der Regierung von Kanada über die Gründung einer Deutsch-Kanadischen Wasserstoffallianz so nehmen, wie sie ist: Eine Absichtserklärung. Das schafft vor allen Dingen Arbeitsplätze in Kanada.

Und die ZfK meldet am 31.10 2022: „**Baerbock setzt auf grünen Wasserstoff aus Kasachstan**" ...„Ein Wasserstoffprojekt in der Region am Kaspischen Meer stehe exemplarisch für eine gemeinsame und nachhaltige Zukunft, sagte Baerbock nach einem Treffen mit dem kasachischen Außenminister Muchtar Tleuberdi. Dort könnten von 2030 an durch Windenergie drei Millionen Tonnen grüner Wasserstoff durch Elektrolyse mit Wasser aus dem Kaspischen Meer produziert werden." Was sind 3 Mill. t Wasserstoff? Je kg Wasserstoff elektrolytisch erzeugt benötigt man etwa 50 kWh. Für 3 Mill.t mithin 150 TWh Strom aus Windenergie und bei einem Wirkungsgrad von etwa 70 % verbleiben 105 TWh gespeicherte Energie. Deutschland hat 2021 mit 29.731 WEA nur 113 TWh Strom erzeugt. Auch das schafft also Arbeitsplätze in Kasachstan beim Aufbau der WEA mit etwa 300 Mrd. € aus Deutschland.

Aber vorher sind noch einige Hürden zu überwinden, was nämlich im Labor funktioniert, versagt (noch?) im industriellen Maßstab. Bei 30 % Endwirkungsgrad bis zur Rückverstromung würde man außerdem die 4-fache Menge des Tagesbedarfes, also 6 TWh/d benötigen. In Hamburg soll derzeit (2021) der weltgrößte Wasserstoff-Elektrolyseur mit einer Leistung von 100 MW gebaut werden, der mit Strom aus EE betrieben werden soll. Im Endstadium produziert die Anlage 22.000

Nm^3 /Std, umgerechnet 66.000 kWh. Bei einem Wirkungsgrad von etwa 70 % werden also 95.000 kWh Input benötigt und das wären im Jahr 0,832 TWh im Kontibetrieb 24/7. Das ist theoretisch mit Offshore Strom möglich aber für eine Rückverstromung bei einem Wirkungsgrad von 30 % bleibt eine Strommenge von 0,25 TWh. Es fragt sich, welches Problem damit gelöst werden soll, außer, Subventionen zu verbrennen. Also Power-to-Gas mit EE-Strom, in Wahrheit Graustrom und viel Technik um nix. Es gibt aus physikalischen und wirtschaftlichen Gründen keine Chance, überschüssigen Strom aus Sonne und Wind irgendwie technisch und wirtschaftlich zu speichern, um im Bedarfsfall eine Dunkelflaute wenigstens einen Tag zu überstehen. Besser wäre es immerhin, überschüssigen Strom in Nachtspeicheröfen zu schicken.

Wie Pfeifen im Wald muss daher folgende Meldung des BDEW Bundesverband der Energie- und Wasserwirtschaft e.V. vom 11.03.2021 zu einer Umfrage zu Hürden für die Energiewende angesehen werden.

„Die Bürgerinnen und Bürger beweisen ein gutes Gespür für die Probleme, die wir bei der Energiewende angehen müssen. Neben einem konsequenten Netzausbau sind auch Speichertechnologien unverzichtbar für die Energiewende. Sie ermöglichen, Schwankungen in der Stromerzeugung aus Wind und Sonnenenergie auszugleichen und leisten damit einen bedeutenden Beitrag zur Netzstabilität und Versorgungssicherheit", sagt Kerstin Andreae, Vorsitzende der BDEW-Hauptgeschäftsführung. „Im Zuge der Energiewende bedarf es einer Vielzahl von leistungsfähigen Speicherlösungen – von kleinen Speichern für Eigenheimbesitzer mit PV-Anlage auf dem Dach bis hin zu riesigen Kavernenspeichern, von Kurzzeitspeichern zur Stabilisierung der Stromnetzfrequenz bis hin zu Langzeitspeichern zum saisonalen Ausgleich von Erzeugung und Bedarf. Daher sollten alle Speichertechnologien von Batterien über Pumpspeicher bis hin zu Wasserstoff technologieoffen, fair und gleichberechtigt im Markt behandelt werden."

Ja, es bedarf einer Vielzahl von leistungsfähigen Speicherlösungen, aber auch 20 Jahre nach dem EEG gibt es keine, schon gar keine technisch und wirtschaftlich tragbaren Lösungen! Nichts in Sicht.

4. Welche Chance hat die Elektromobilität mit Erneuerbaren Energien?

Es ist völlig klar, dass Elektromobilität, Wärmepumpen, Digitalisierung, Power-to-Gas etc. einen zusätzlichen Strombedarf erfordern, der bis 2030 auf mind. 650 TWh geschätzt wird, also netto rund 200 TWh mehr als 2021. Mit EE, das sollte klar geworden sein, wird das nichts weil sich neben dem schlichten Mengenproblem auch die Stromverfügbarkeit 24/7 nicht verbessert. Nicht umsonst hat der Bundeswirtschaftsminister seinen Gesetzentwurf wieder zurückgezogen, der eine Kontingentierung von Strom vorsah mit unterschiedlichen Preisstufen. Wer jederzeit Strom haben wollte, sollte auch mehr bezahlen. Jetzt versucht er die Quadratur des Kreises zu lösen und wird scheitern. Natürlich muss Strom kontingentiert werden, wenn nicht mehr genug für alle da ist. Die Netzbetreiber müssen die Möglichkeit des Lastabwurfes haben, da sie auch die Verpflichtung zur Netzstabilität haben.

Zunächst gilt es das Märchen zu beenden, das Elektrofahrzeuge klimaneutral sein würden, weil sie mit erneuerbarem Strom betankt werden würden. Sie wissen jetzt, dass das niemals möglich sein wird, sondern die Fahrzeuge bekommen Graustrom. Graustrom ist der Strommix aus erneuerbaren Energien, was gerade verfügbar ist, Kohlestrom, Kernenergiestrom oder Strom aus Gaskraftwerken aber immer mit solider Spannung und Frequenz. Niemand hat einen Stromanschluss an eine Anlage der EE. In Zukunft wird der Strom noch „dreckiger", wenn die Kernreaktoren stillgelegt sind und das fehlende Erdgas aus Russland durch einheimische Braunkohle und importierte Steinkohle ersetzt werden müssen. Dann steigern die Ladevorgänge der E-Autos den CO_2 Ausstoß im Kohlekraftwerk. Und natürlich sorgt das auch für steigende Strompreise an der Ladestation.

Machen wir eine einfache Beispielrechnung, um das Problem zu verdeutlichen. Das Batteriegewicht eines Elektroauto mit mind. 360 kg reicht für eine Reichweite von 423 km (72 kWh) ohne Licht, ohne Heizung und ohne Klimatisierung und ist damit größer, als eine Zuladung von 4 Mitfahrern, die durchschnittlich nur 300 kg wiegen sollten. Damit die 72 kWh im Auto auch ankommen, müssen Leitungsverluste und Ladeverluste in Höhe von ca. 20 % hinzugezählt werden, so dass am Ende 87 kWh konventionell im Kohlekraftwerk erzeugt werden müssen. Aufgrund des Einspeisevorrangs der EE kann Ladestrom nur zusätzlich, also konventionell erzeugt werden und das wird zukünftig ein Mix aus Stein- und Braunkohle. Um 87 kWh zu erzeugen muss bei einem Wirkungsgrad von 40 % eine Energiemenge von 217 kWh eingesetzt werden und das sind rund 26 kg Steinkohle. Werden die verbrannt, emittieren daraus je kg Steinkohle 3,6 kg CO_2 in Summe also 93,6 kg CO_2 oder 0,929 kg CO_2 /kWh. Für 423 km sind das also 423/93,6 = 221 g CO_2/km.

Wer dem gegenüber seinen Tank mit 30 l Diesel füllt bekommt dafür rund 300 kWh bei einem Gewicht von 25,2 kg und fährt damit auch 423 km und emittiert ca. 92 kg CO_2. also 217 CO_2 g/km. Beide Werte sind nicht absolut zu sehen, sondern sollen die Größenordnung zeigen und vor allem, dass ein E-Auto keinesfalls als CO_2 frei klassifiziert werden kann, der Auspuff liegt nur weiter weg.

Ein Elektrofahrzeug emittiert nicht weniger CO_2 als ein Dieselfahrzeug, verbraucht eine Menge Rohstoffe und macht sich mit größer werdender Reichweite, also auch größerer Batterie, immer unwirtschaftlicher. Bei einer Reichweite von 1000 km ist die Batterie das Auto und sorgt für einen schnellen Reifenverschleiß und Feinstaub und das ist nicht umweltfreundlich. Es gibt aber noch ein gravierenderes Problem, als die Bereitstellung von Strom aus EE für Elektrofahrzeuge, das ist das Rohstoffproblem.

Die britische Autozeitschrift www.autoexpress.co.uk/car-news/107058/ schreibt am 05.06.2019:

„**Electric cars will require twice world´s supply of cobalt | Auto Express,** Scientists warn of "huge implications for our natural resources" as government pushes for rapid adoption of electric cars

"A team of scientists has written to the Committee of Climate Change warning that if the UK`s 31.5 million cars are replaced by electric vehicles by 2050, as is currently planned by the Government, this will require almost twice the current annual global supply of cobalt.

The researchers have also calculated that based on the latest ′811‵ battery technology (80 per cent nickel, 10 per cent cobalt, 10 per cent manganese), UK demand for EV batteries will require almost the total amount of neodymium produced globally each year, three quarter of the world′s lithium, and "at least half" of world′s copper."

Und diese Erkenntnis bezieht sich nur auf den Bedarf des britischen Automarktes. Der deutsche Automarkt ist viel größer und eine weltweite Einführung von Elektromobilität ist schon tot, bevor sie richtig angefangen hat. Im Übrigen ist China der Hauptförderer aller seltenen Erden, die man zur Batterieproduktion benötigt und wird erst einmal eigene Bedarfe decken wollen. Andererseits ist es vorstellbar, dass in einigen Jahren mit anderen Speichermaterialien ein Materialengpass vermieden werden kann und/oder sich die Speicherdichten erhöhen, aber um welchen Preis? Gänzlich ungelöst bleibt dagegen das Ladeproblem mit Graustrom und damit bleibt die Umweltneutralität der E-Mobilität auf der Strecke. Da sich die Automobilindustrie unisono für das Elektromobil und den Abschied vom Verbrenner entschieden hat, wird sie ihr Waterloo erleben, BMW vielleicht ausgenommen?

5. Wie entwickelt sich der Strompreis?

Die Frage lässt sich einfach beantworten. Mit dem Ausbau der EE kennt der Strompreis nur eine Richtung, die nach oben. Und weil das nicht sein darf, hat die Bundesregierung die Finanzierung der EEG Umlage übernommen und finanziert sie aus dem Bundeshaushalt, sie ist also nicht weg. In 2021 waren das schon ca. 11 Mrd. Euro. Das wird dem Endverbraucher aber nicht geschenkt, sondern wird ihm durch die Einführung der CO_2 Steuer wieder entzogen. Und so sieht der Strompreis 2022 ohne EEG-Umlage aus:

In 2022 haben die Kosten der Stromerzeugung einen Anteil von 14,46 ct/kWh (44 %), wohingegen 2021 dieser Anteil nur 7,7 ct/kWh betragen hat. Dahinter verbirgt sich Beschaffung, Vertrieb und Marge. Der Rest von 18,24 ct/kWh sind staatliche Zwangsabgaben für Umlagen, Netzentgelte und Steuern. Der Verkauf von Emissionsrechten für CO_2 hat dem Bund 2021 12,5 Mrd. € eingebracht, die neue EEG-Umlage.

Die CO$_2$ Umlage wird allerdings nach Novellierung des Brennstoffemissionshandelsgesetzes (BEHG) für 2023 ausgesetzt, ursprünglich geplant waren 5€/t zusätzlich.

Auch wenn man es auf den ersten Blick nicht sieht, über den Strompreis werden zwei parallele Infrastrukturen zur Stromerzeugung finanziert. Die BNA Kraftwerksliste mit Stand vom 31.05.2022 weist das aus. Von insgesamt 232.025 GW in Betrieb entfallen 78,8 GW auf konventionelle Energien und davon Erdgas allein 32,09 GW und der Rest 46,71 GW (Braunkohle, Kernenergie, Mineralöl, Steinkohle).

Auf die Erneuerbaren Energien entfällt eine installierte Leistung von 138,6 GW und davon Solarenergie 59,3 GW und Windenergie 63,9 GW. Zur Sicherheit hat die BNA noch 12.489 GW konventionelle Energien in Sicherheitsbereitschaft, Netzreserve, vorläufig stillgelegt und Kapazitätsreserve, was immer das auch bedeutet? **Die EE benötigen die konventionellen Kraftwerke als Schattenkraftwerke, wohingegen die konventionellen Kraftwerke die EE nicht brauchen. Man könnte sie kurzfristig vom Netz nehmen und damit mittelfristig den Strompreis in etwa halbieren.** Natürlich sprechen rechtliche Vereinbarungen dagegen, so etwas zu tun. Aber, der Endverbraucher muss das wissen, um sich ein Bild vom Stand der Energiewende zu machen. Sie werden niemals in den „Genuss" der niedrigen Stromkosten von EE kommen. Die konventionelle Kraftwerksleistung betrug 2010 noch 101,3 GW und davon Erdgas 19.4 GW. Man merkt also die Stilllegungen konventioneller Kraftwerke bei gleichzeitigem Ausbau von Gaskraftwerken zur Unterstützung der Energiewende. „Hilfreich und teilweise unentbehrlich sind Gaskraftwerke für die Netzentlastung (Redispatch) und zur Frequenzsicherung (Regelreserve). Die hohe Flexibilität zeigt sich in den Einspeisezeitreihen der Gaskraftwerke" (BNA). Deutschland hat mit 78,8 GW konventioneller Energien am Netz längst einen dauerkritischen Punkt erreicht, der ohne Erdgas nur noch 46,71 GW beträgt. Das sind zur Aufrechterhaltung der Versorgungssicherheit mind. 30 GW zu wenig. Preiswertes, russisches Erdgas wird zum 10-fachen LNG Preis am Weltmarkt eingekauft, wobei die jederzeitige Verfügbarkeit völlig unklar ist. Die Bundesregierung spielt hier russisches Roulett, und hinzu kommt ihr freiwilliger Boykott russischen Erdöls zum Jahreswechsel 2022/23.

Das damit die Strompreisentwicklung zum Vabanquespiel wird, kann jeder Stromkunde hoffentlich nachvollziehen. Die Nagelprobe steht uns also unmittelbar bevor, wenn die BNA wie geplant, bis Ende 2023 noch 19 GW konventionelle Kraftwerkskapazität vom Markt nimmt. Die Kernkraftwerke haben noch eine Gnadenfrist bis zum 15.04. 2023 bekommen, sind Ende 2023 also auch schon vom Netz. Ein Blackout der Stromversorgung ist also in 2023 nicht ausgeschlossen. Darauf hat sogar der Chef des Bundesamtes für Bevölkerungsschutz und Katastrophenhilfe (BBK) in einem Artikel der WamS hingewiesen

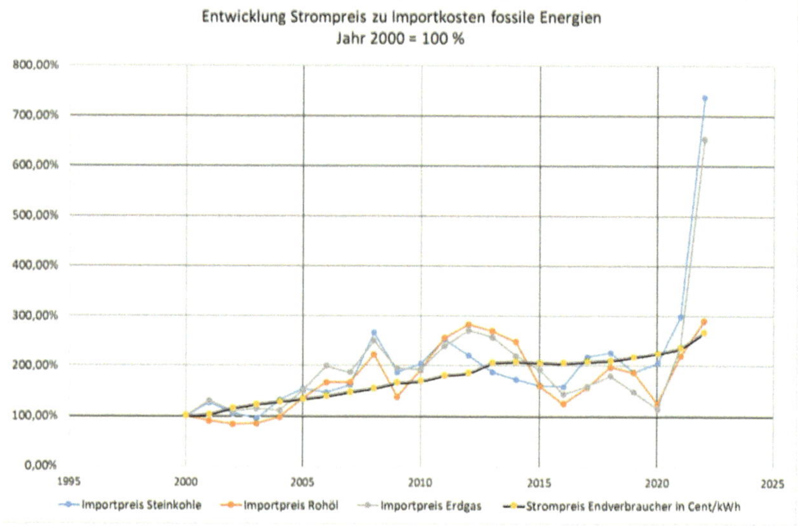

(20.11.2022)

Wie sich der Strompreis nun entwickelt hat und weiter entwickeln wird, zeigt die folgende Grafik (Quelle BAFA, eigene Analyse).

Ein Vergleich der Weltmarktpreise für fossile Energien mit der Entwicklung des Strompreises. Er konnte sich von den Kosten der fossilen Energien auf dem Weltmarkt bis Anfang 2022 weitgehend abkoppeln, der Anteil an den Beschaffungskosten war gering und beträgt nun aber fast die Hälfte des Strompreises. Mit dem Boykott russischer Energielieferungen hat sich Deutschland dem Weltmarkt mit seiner Preisentwicklung und Volatilität vollständig ausgeliefert und ist jetzt

54

von mehr Lieferanten abhängig als vorher. Die werden alle ihre Interessen vertreten, und Deutschland kommt in neue Abhängigkeiten verschiedener politischer Akteure auf dem Weltmarkt. Die Energiebeschaffung ist für Deutschland daher weder einfacher noch billiger geworden. Der Strompreis hat sich seit dem Jahr 2000 bis heute mehr als verdoppelt, wohingegen die Kosten für fossile Energien bis 2020 weit darunter lagen. Der Ukrainekrieg seit Febr. 2022 und die Sanktionen des Westens gegen Russland mit Boykott der Energielieferungen hat die Weltmarktpreise für Erdgas und Steinkohle jedoch regelrecht explodieren lassen, wie die Grafik ausweist.

Kommt jetzt mit Beginn 2023 auch der Import des russischen Erdöls zum Erliegen, bedeutet das vorhersehbar neue Engpässe in der Treibstoffversorgung und wahrscheinlich auch an den Kuppelprodukten wie z.B. Bitumen, Kunststoffen, Kleidung und sogar Medikamenten. Die Versorgung mit Erdgas aus Russland ist durch die Sprengung der Unterwasserpipeline Nordstream I und II ebenfalls für längere Zeit unterbrochen. Wenn die Gas- und Treibstoffläger im Frühjahr wieder aufgefüllt werden müssen, kann das nur zu den höheren Weltmarktpreisen geschehen, sofern die Ware überhaupt verfügbar ist? Und das bedeutet höhere Preise entlang der gesamten Wertschöpfungskette der Industrie mit Beeinträchtigung der nationalen Wettbewerbsfähigkeit. Dass die EE aus Sonne und Wind die fossilen Energierohstoffe ersetzen können, wird sich als Luftschloss herausstellen. Darauf wird an verschiedenen Stellen in diesem Buch hingewiesen. Der Strompreis in Deutschland ist jetzt vor allem ein politischer Preis geworden, der die bis zu zehnfach höheren Beschaffungskosten auf dem Weltmarkt für alle fossilen Energien wird aufnehmen müssen.

Bei der Frage, wie es mit dem Strompreis weitergeht, müssen wir das Ziel der Bundesregierung berücksichtigen, im Jahr 2030 etwa 65 % Anteil EE am Bruttostromverbrauch zu erreichen. Der Bruttostromverbrauch ist die Summe der Inlandserzeugung plus Importe minus Exporte (BMWi). Die Bruttostromerzeugung 2020 betrug 567 TWh, der Export 67 TWh, der Import 40,1 TWh (Destatis). Der Bruttostromverbrauch also 567 + 40,1 − 67 = 540 TWh. An der Bruttostromerzeugung waren die EE mit 41,7 % beteiligt (236,3 TWh) und die konventionellen Energien mit 58,3 % (330,7 TWh). Weil sich Bioenergie und sonstige EE nicht mehr weiter steigern lassen ohne wesentliche Eingriffe in die Umwelt, bleibt zur Zielerreichung 65 % nur noch die Erhöhung der installierten Leistung von Wind- und Solaranlagen. Die Frage ist also, wie erreicht man das Ziel in 2030, 65 % Anteil am Bruttostromverbrauch zu bekommen? Das geht nur, indem mehr Strom produziert wird, die Bruttostromerzeugung also zu steigern durch eine Erhöhung der installierten Leistung von Sonnen und Windenergie. Ein Ausbau der konventionellen Energien scheidet aus, weil sie im Gegenteil stillgelegt werden sollen. In dem Positionspapier des UBA von Nov. 2017 **„Kohleverstromung und Klimaschutz bis 2030 Diskussionsbeitrag des Umweltbundesamts zur Erreichung der Klimaziele in Deutschland"** heißt es: **Warum dieses Positionspapier?** "Die bisher in Deutschland beschlossenen und umgesetzten Maßnahmen zum Klimaschutz reichen weder aus, um die gesetzten nationalen Klimaschutzziele zu erreichen, noch um den internationalen Verpflichtungen nachzukommen. Klimaschutz muss bereits heute den Weg in eine treibhausgasneutrale Gesellschaft der Zukunft ebnen. Diese soll bis 2050 in Deutschland realisiert werden."

Sie können also an diesem Positionspapier erkennen, es geht nicht um Strom-Versorgungssicherheit in Deutschland, das steht nicht einmal im EEG, sondern um die Einhaltung gesetzter nationaler und internationaler Verpflichtungen für ein Land mit 0,07 % Anteil an der Erdoberfläche. Fassen wir die installierte, konventionelle und zukünftige Leistung zum gegenwärtigen Wissensstand tabellarisch zusammen (2021):

konvent. Energieträger	Install. Leistung [GW] Ende 2020	Install. Leistung [GW] Anfang 2023	Install. Leistung [GW] Ende 2030
Braunkohle	17,77	15	9
Erdgas	26,95	28,5	28,5
Kernenergie	8,11	0	0

Mineralöl-produkte	2,56	2,56	2,56
Steinkohle	16,16	15	8
Summe	71,55	61,06	48,06
Produk-tion[TWh]	331	267	189
Auslast.in [%]	52,8	50*	45*

*geschätzt, weil der Anpassungsdruck auf die konventionellen Energieträger durch die Vorrangeinspeisung der EE größer wird.

Die installierte Leistung der konventionellen Kraftwerke reicht in Spitzenbedarfszeiten schon heute nicht mehr aus, den Strombedarf zu decken, dazu wären mind. 80 GW notwendig. Der Stromüberschuss aus Sonnen- und Windenergie ist komplett exportiert worden, bzw. hat den Kohle- und Kernkraftstrom aus dem Netz in die Nachbarländer gedrängt. Umgekehrt reicht die Stromproduktion nicht zu jeder Zeit aus und es muss ständig Strom importiert werden. Deutschland befindet sich schon seit Jahren im ständigen Stromaustausch mit den Nachbarländern. Und regelmäßig wird der Strom billiger exportiert als importiert, ist also obendrein noch ein Zuschussgeschäft zu Lasten des Stromkunden. Deutschland ist also darauf angewiesen, dass die Nachbarländer ständig Strom im Überfluss haben, den sie exportieren können. So denken die Niederlande darüber nach, 6 neue Kernkraftwerke zu bauen, ebenso Polen und Tschechien. Die deutsche Politik kümmert sich darum, aus Klimaschutzgründen die eigenen Kohlekraftwerke stillzulegen, die Kernkraftwerke als sicherheitskritisch stillzulegen und hat keine Mühe damit, Strom aus Kohle- und Kernkraftwerken aus den Nachbarländern zu beziehen. Baden-Württemberg legt Ende 2019 das Kernkraftwerk Philippsburg still, sprengt den Kühlturm in die Luft und bekommt jetzt kontinuierlich Kernkraftstrom aus Frankreich, der in Zukunft mit Offshore Strom aus der Nordsee ersetzt werden soll. Ein schöner Traum. Und Ende 2021 ist das KKW Brokdorf vom Netz gegangen. Damit gibt es in Norddeutschland keine ausreichend gesicherte Stromerzeugung mehr, nachdem das Kraftwerk Moorburg auch schon abgeschaltet wurde.

Um die Strompreisentwicklung auf Basis der derzeitigen Gesetzgebung abschätzen zu können, anbei eine tabellarische Simulation der möglichen Entwicklung Sonnen- und Windenergie bis 2030, umso das Ziel 65 % Anteil am Bruttostromverbrauch zu erreichen. Dabei geht es nicht um absolute Genauigkeit, sondern um die Größenordnung, den Trend.

Energieträger in [TWh]	2020	2023	2030
1.Konventionelle Energien gesamt	331	249	200
2. Konvent. Energien Kohle + Kernkraft	199	117	68
3. Erneuerbare Energien (4+5)	236	253	320
4. Davon sonstige Erneuerbare Energien	56	56	56
5. davon Sonnen- Windenergie	180	197	264
6. Brutto-Strom-Erzeugung (1+3)	**567**	**502**	**520**
7. Δ Im-/Export (8-9 abs.)	-27	48	120
8. (-)Export	67	60	60
9. (+)Import	40	108	180
10. Bruttostromverbrauch (6 ± 7)	540	550	640
11. Anteil EE am Bruttostromverbrauch [%] (3/10x100)	**43,7**	**46**	**50 < 65 als Ziel**

Im Bruttostromverbrauch ist implizit der Nettostromverbrauch natürlich enthalten und ergibt sich durch Abzug des Eigenverbrauchs der Kraftwerke, Leitungsverluste und nicht erfasste Fehlmengen. Für die Berechnung kann er außer Ansatz gelassen werden. Fehlende konventionelle Leistung wird dauerhaft durch Stromimporte gedeckt werden müssen.

Angesichts zukünftig neuer Stromverbraucher in Deutschland, wie zusätzliche Elektrofahrzeuge, Cloud-Computing, Wärmepumpen und natürlich die Digitalisierung ist es nur folgerichtig, von einem steigenden Verbrauch bis 2030 auszugehen. Deswegen schätze ich den Bruttostromverbrauch in 2030 auf mind. 640 TWh. Davon 65 % bedeutet, dass die EE in 2030 416 TWh produzieren müssen ± Export/Import. Da die Steigerung der Stromproduktion nur noch aus Sonnen und Windenergie kommen kann, proben wir jetzt den Dreisatz. In 2020 haben 116,7 GW installierte Leistung Sonnen- und Windenergie 180 TWh Strom produziert, also produzieren 270 GW installierte Leistung wahrscheinlich 416 TWh in 2030. Da 116,7 GW schon installiert sind, benötigen wir noch einen Zubau an Wind- und Solarenergie, von 153 GW um insgesamt 417 TWh zu erzeugen. Realistisch betrachtet dürften je Jahr allerdings max. 6 GW zugebaut werden können. Damit stehen in 2030 max. 116,7 + 54 GW = 171 GW installierte Leistung für Sonnen- und Windenergie zur Verfügung. Man muss auch daran denken, dass erste Anlagen aus der Förderung herausfallen und abgebaut werden müssen es sei denn, man rüstet auf. Mit 171 GW installierte Leistung lassen sich max. 264 TWh Strom aus Sonnen und Windenergie in 2030 erzeugen. Dementsprechend wird der Stromimport explodieren und es stellt sich die Frage, ob die Nachbarländer Deutschlands bereit sind, soviel Strom rechtzeitig und genügend für Deutschland bereit zu stellen. Wahrscheinlich eher nicht?

Wie schwierig eine Steigerung der Stromproduktion aus EE ist, soll folgende Tabelle verdeutlichen, aber auch das ist eine Bestätigung des abnehmenden Grenznutzens jeder neuen Anlageninstallation.

Stromproduktion EE in [TWh]					
2016	2017	2018	2019	2020	2021
191	217	225	242	255	225
Steige-rung	26	8	17	13	-30
in [%]	13,6	3,7	7,6	5,4	-11,8

Und in 2021 gab es sogar einen Rückgang der Stromproduktion aus EE gegenüber dem Vorjahr um 11,8 Prozent und war damit genauso hoch, wie 2018. Nur in 2018 betrug die installierte Leistung der EE 118,1 GW und in 2012 137,7 GW (BDEW). Einem Anstieg der installierten Leistung um 19,6 GW steht keine Mehrproduktion gegenüber. Aber volatil bedeutet eben, keine gesicherte Leistung, mit der man rechnen könnte. Es kommt hinzu, dass die Kosten der Stromerzeugung sich derzeit nach dem Merit-Order-Prinzip entwickeln. Erst die Einspeisung der EE und danach die Erzeugungsleistung mit den geringsten Kosten, das ist derzeit Braunkohle und am Ende der Kette die Stromerzeugung durch Erdgas als derzeit teuerster Rohstoff, und der bestimmt den Preis. Das System gilt europaweit, schützt die Investitionen in EE und lässt sich deshalb nicht einfach ändern oder ersetzen. Und weil die Bundesregierung es abgelehnt hat, weiterhin preislich langfristig gesichertes Erdgas aus Russland zu beziehen, muss Deutschland jetzt einkaufen, wo noch etwas zu bekommen ist.

Da kommt die Meldung in Weltonline vom 29.11.2022 genau zur rechten Zeit: **„Habeck freut sich über Katar-Deal „15 Jahre ist super"** „Dass man sich mit Katar auf Flüssiggaslieferungen geeinigt hat, findet Wirtschaftsminister Robert Habeck genau richtig. ... Der Energieriese Qatar Energy hat laut Katars Energieminister Saad Scharida al-Kaabi Abkommen über Flüssiggaslieferungen nach Deutschland geschlossen. Das Gas solle an das US-Unternehmen Conoco Phillips verkauft werden, das es weiter nach Brunsbüttel liefere, sagte der Minister in der katarischen Hauptstadt Doha. Die Lieferung soll 2026 beginnen und mindestens 15 Jahre laufen. Jährlich sollen bis zu zwei Millionen Tonnen geliefert werden."

Also hat Deutschland keinen Vertrag mit Katar geschlossen, sondern mit dem US-Unternehmen Conoco Phillips das ab 2026 zu einem unbekannten Preis jährlich bis zu 2 Mill. t Flüssiggas liefert. Was sind 2 Mill. t/a? LNG hat eine Dichte von etwa 450 kg/m^3 und ein 175.000 m^3 LNG Tanker transportiert mit einer Ladung 78.750 t LNG. Für 2 Mill. t LNG muss so ein Tanker also rund 25 x löschen. Und um das russische Erdgas durch LNG Lieferungen zu ersetzen, müssten in 2023 etwa 550 LNG Tanker ihr Erdgas in Deutschland anlanden. 2 Mill. t LNG aus Katar ab 2026 decken also 4,5 % des Bezuges aus Russland. Besser als nichts und das wahrscheinlich zu Weltmarktpreisen!

Für die Stromversorgung jetzt hilft das alles nichts. Erste Versorger haben denn auch angekündigt, dass die Strompreise im nächsten Jahr (2023) steigen werden. Check24 spricht von Ø Preisen von 43,7 ct/kWh im Okt. 2022, ein Plus von rund 41 % gegenüber dem Vorjahresmonat (14.11.2022). Und das Kölner Unternehmen RheinEnergie verlangt ab Jan. 2023 in der Grundversorgung rund 55 ct/kWh, knapp 130 Prozent mehr als zuvor (25.11.2022). Das ist eine Entwicklung, die nicht überraschend kommt. Der Ukrainekrieg mit dem Stopp der russischen Gaslieferungen hat das Problem der EE aus der Zukunft in die Gegenwart verschoben.

Daher ist unter diesen Prämissen eine realistischen Einschätzung über die weitere Entwicklung des Strompreises nach 2023 nicht möglich, es steht nur fest, dass er weiter steigen wird und ist vor allen Dingen der Preis für die Politik der Bundesregierung.

6. Wo steht Deutschland mit der Einsparung an CO_2?

Die Einsparung von Kohlendioxyd, also CO_2, ist die wesentliche Zielsetzung des Pariser Klimaabkommens von 2015, abgesehen von der Umverteilung von 500 Mrd. Dollar von reich nach arm. Daraus hat Deutschland seine operativen Ziele abgeleitet. Leider haben nur ein Drittel aller Staaten das 1,5 ° C Ziel akzeptiert und die Deklaration unterschrieben. Unabhängig davon, ob man dieser Theorie Glauben schenkt oder nicht, die Physik spricht dagegen, so bemühen sich alle

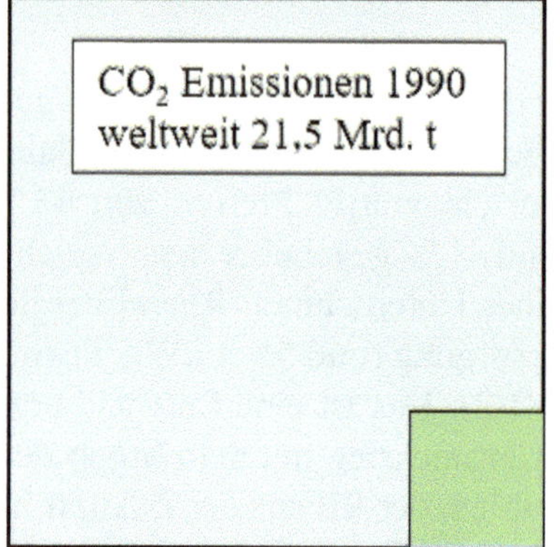

Marktteilnehmer, dieses Ziel auch einzuhalten. Bis auf den Endverbraucher/Stromkunden profitiert die Energiebranche mehr oder weniger von den reichlichen Subventionen. Wo stehen wir also, mit der CO_2 Einsparung? Die CO_2 Emissionen Deutschlands betrugen 1990 1,3 Mrd. t = 6,03 % der weltweiten Emissionen, zu sehen am grünen Quadrat.

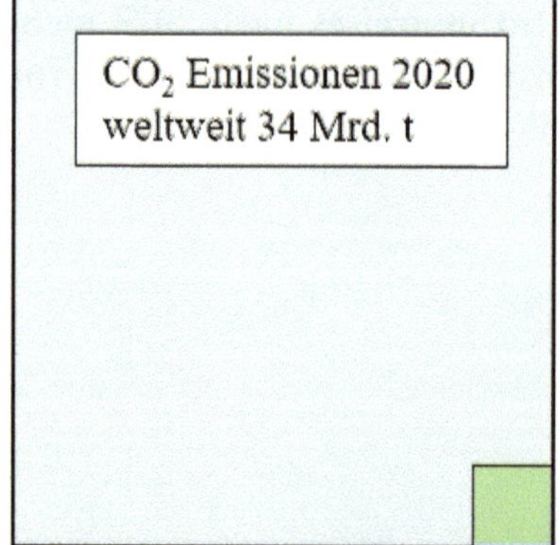

Und 2020 betrugen sie nur noch 0,737 Mrd. t = 2,16 % der weltweiten Emissionen. In der gleichen Zeit, in der Deutschland seine CO_2 Emissionen um 0,56 Mrd. t gesenkt hat, sind sie weltweit um 12,46 Mrd. t gestiegen, also um das 22-fache. Die Zahlen für 2021: Deutschland hat 762 Mill. t CO_2 emittiert und weltweit waren es 36,2 Mrd. t. Das sind 2,1 % Anteil an den weltweiten Emissionen. Weltweit sind sie um das 27,5-fache gestiegen, gemessen an der CO_2 Einsparung Deutschlands seit 1990.

Damit wird deutlich: Der Erfolg Deutschlands in der Senkung seiner CO_2 Emissionen ist für das Weltklima ohne Belang. Die Anstrengung war und ist für die Katz. Der Kohleausstieg ein Pyrrhussieg und es kommt noch dicker:

„Weltweit über 1.000 neue Kohleblöcke in Bau und Planung" schreibt erneuerbareenergien.de am 06.07.2020

„Im Januar 2020 waren laut Global Energy Monitor immer noch 661 Kraftwerksblöcke in Planung oder im Genehmigungsprozess und 385 im Bau. Von den 2.045 Gigawatt (GW) an weltweit laufender Kraftwerkskapazität (Januar 2020) entfallen 1.005 GW allein auf China. Und aufgrund der Coronakrise hat China nun besonders viele Genehmigungen für den Bau neuer Kraftwerke erteilt, um die Wirtschaft wieder in Schwung zu bringen. Deren Auslastung ist allerdings mittelfristig nicht zu erkennen." Und am 30. März 2021 schreibt die gleiche Internetseite:

„Industrieländer finanzieren Kohlekraftwerke in Asien"

Neue Studie zeigt die globalen Kapitalströme hinter dem wichtigsten Klimakiller: 1.182 Gigawatt neue Kohlekraftwerke beauftragt - auch mit Geld aus Deutschland. ... Laut der Studie sind seit 2015, dem Jahr des Pariser Klimaabkommens, neue Kohlekraftwerke mit einer Gesamtleistung von 1.182 Gigawatt beauftragt worden, das entspricht ungefähr 1.300 durchschnittlichen Kraftwerken. Mehr als 500 Gigawatt davon befinden sich momentan in Bau oder in Planung.

Deutschland kommt auf 1,6 Mrd. t CO_2

Den Kontrast zwischen dem mehr oder weniger entschlossenen Kohleausstieg der Industrienationen im Inland und ihren grenzüberschreitenden Finanzaktivitäten zeigt die Studie in einer brisanten Tabelle zur „finanzbasierten Bilanzierung der Kohle-Emissionen". In dieser Betrachtung hat zum Beispiel Deutschland Emissionen in Höhe von 1,6 Milliarden Tonnen CO_2 aus neuen Kohlekraftwerken in den Büchern, wenn man Projekte ab 2015 und deren gesamte voraussichtliche Betriebsdauer im Blick hat. Das ist achtmal so viel wie das CO_2 aus dem einzigen neuen Kohlekraftwerk im Inland, in Datteln im Ruhrgebiet.

Japan kommt finanzbasiert sogar auf 18,3 Milliarden Tonnen." (Ende Zitat)

Wir sehen also, dass der Kohleausstieg Deutschlands im Inland nicht nur für das Weltklima ohne Belang ist, sondern auch, dass sich Deutschland an der Finanzierung von Kohlekraftwerken in anderen Ländern beteiligt. Das ist die gleiche Logik, mit der Baden-Württemberg sein Kraftwerk Philippsburg vernichtet und den fehlenden Strom als Atomstrom aus Frankreich bezieht. Nicht umsonst hat Weltonline schon am 28.12.2019 die Meinung vertreten: **„Energiewende dank importiertem Atomstrom? Mehr Mut zur Ehrlichkeit bitte!"**

Für den Betrieb der alten und neuen Kohlekraftwerke benötigt man natürlich auch Kohle. Die Weltförderung an Steinkohle betrug 2020 7,0 Mrd. t, wie die nebenstehende Darstellung zeigt:
Von denen hat Deutschland 32,82 Mio. t importiert, also 0,46 % der Weltfördermenge. Das kleine grüne Quadrat verdeutlicht die Menge.

2021 ist die weltweite Kohleförderung um 5,7 % gestiegen (direkt über dem Stand von 2019 vor der Pandemie) und folgt damit dem Wiederanstieg der globalen Nachfrage und allein in Deutschland um 17 % gestiegen. In 2021 belief sich die globale Kohleförderung auf rund 8,17 Mrd. t (Statista) und es wurde noch nie so viel Kohle verstromt wie in diesem Jahr. Dabei hat Deutschland 2021 etwa 125 Mill. t Braunkohle gefördert, 17 % mehr als 2020 und 40 Mill t Steinkohle importiert. Das ist ein Weltanteil von 1,8 % am Import von Steinkohle und sogar etwas höher als 2020. Rund die Hälfte der importierten Steinkohle kam bislang aus Russland und wurde am 01.08. 2022 von Deutschland eingestellt. Der Import von russischem Öl soll ab

64

01.01.23 eingestellt werden und dann verzichtet Deutschland freiwillig auf etwa 40 % seines Ölbedarfes. Dann wird Deutschland andere Importquellen auftun müssen, allerdings zu höheren Preisen. Und wenn Deutschland aus der Kohleverstromung aussteigt und auf den Import verzichtet, geht die geförderte Kohle eben in andere Länder und fördert dort den Wohlstand. Es ist nicht zu übersehen, dass Deutschland mit dem Verzicht auf die Kohleverstromung von Steinkohle das Weltklima nicht beeinflussen kann, völlig egal, was Deutschland macht oder unterlässt. Aber mit der vollständigen Aufgabe der Kohleförderung im Inland hat sich Deutschland z.B. um die künftige Chance gebracht, Weltmarktführer in Bergbautechnik in großen Tiefen zu werden.

Zeitonline titelt am22. 02.2022 unter der Überschrift **„Woher kommt die Kohle?"** Seit dem Pariser Klimaabkommen ist die weltweite Kohlekraftwerkskapazität stark gestiegen. 49 % aller Kohleunternehmen bauen ihre Geschäfte aus. Weniger als 5 % haben einen Ausstiegstermin angekündigt. Dabei müsste lt. Weltklimarat IPCC die Kohleverstromung bis 2030 um 78 % zurückgehen. Dazu schreibt die IEA **„Global coal Consumption is not on the Net Zero trajectory and is unlikely to be before 2024"**, ...In short, all evidence indicates a widening gap between political ambitions an targets on one side and the realities of the current energy system on the other. This disconnect has two clear implications: climate targets are getting further out of reach, and energy security is at risk because, while investments in fossil fuels are shrinking, funding for clean energy and technologies is not expanding quickly enough."

Die Welt setzt also auf Kohle als unverzichtbaren Primärenergieträger und unsere Außenministerin Baerbock verkündet auf der Weltklimakonferenz in Ägypten Weltonline 16.11 2022: „Ohne Umstellung auf erneuerbare Energien werde das 1,5 Grad Ziel nicht erreicht. Hoffnung macht der Grünen Politikerin hingegen die Zahl der Teilnehmer."

„Die Weltklimakonferenz im ägyptischen Scharm el Scheich soll nach den Worten von Außenministerin Annalena Baerbock „ein klares Signal für den Abschied vom fossilen Zeitalter und eine schnellere Reduktion der Emissionen" setzen. ... Die Konferenz (COP) sei das einzige globale Forum, um gemeinsame Antworten auf die Klimakrise zu vereinbaren, sagte Baerbock. „Es geht um die Freiheit zukünftiger Generationen. Denn sie sind es, die die Folgen unserer Untätigkeit zu spüren bekommen, wenn wir jetzt nicht handeln."

Annalena Baerbock verkennt völlig, dass die Höhe der CO_2 Emissionen und das 1,5 ° Ziel offensichtlich nur für Deutschland ein Problem ist und sich andere Staaten gern belehren lassen, wenn sie Deutschland für ihre Verminderung von heißer Luft auch noch bezahlt. Die Nutzung fossiler Energien wird weltweit gefördert und nicht reduziert, das ist hoffentlich klar geworden. Und weil Deutschland meint, von dieser Strategie abweichen zu müssen, verliert es ziemlich bald die industrielle Wettbewerbsfähigkeit und dann ist es die jetzige Generation nur in Deutschland, die weder eine Zukunft noch die Freiheit über ihr Leben hat. Das ist bedenklich. Die Bundesregierung verstößt hier gegen einen alten REFA Grundsatz: Erst die richtigen Dinge tun (Effektivität) und dann die Dinge richtig tun (Effizienz). Deutschland treibt die Energiewende sehr zügig voran und effizient, aber es ist die falsche Aufgabe.

Wie eingangs schon besprochen setzt Deutschland u.a. auf den Ausbau der Windenergie, um die Kohlekraftwerke zu ersetzen und will offshore ordentlich zubauen. Schauen wir dazu genauer auf die Windenergie offshore, zu der der Präsident der Bundesnetzagentur Präsident Homann bemerkte: „Offshore-Windenergie ist wesentlicher Pfeiler für das Gelingen der Energiewende" (BNA 26.02.2021). Die offshore WEA haben 2020 26,9 TWh geliefert aus

7,7 GW installierter Leistung. Damit Sie eine Vorstellung davon bekommen, wieviel das ist, schauen Sie auf das kleine grüne Quadrat, rechts unten im großen gelben Quadrat.
Das ist die Leistung von 1501 Offshore Windenergieanlagen (OWEA) mit einer installierten Leistung von 7,7 GW und einer beachtlichen Kapazitätsauslastung von 40 % also 3465 Jahresarbeitsstunden, verteilt auf das ganze Jahr. In 2021 haben die WE offshore nur 24 TWh geliefert, also weniger.

Und weil der Beitrag der Offshore Windenergie so groß ist, hat die Bundesregierung das Ausbauziel für 2030 von 15 auf 20 GW erhöht und für 2040 sogar auf 40 GW. Das entspricht der Nominalleistung von 40 Kohlekraftwerken. Extrapoliert wären dass etwa 7727 OWEA mit einem Ertrag von ca. 138 TWh/a, wobei aber nicht sicher ist, ob so viel Platz in Nord- und Ostsee überhaupt verfügbar wäre? Unser Normquadrat wäre dann das gelbe Quadrat. Schauen wir auf die Investitionskosten.

Ein Windkraftpark offshore kostet etwa 3,5 Mio. €/MW und eine Anlage üblicher Leistung kostet etwa 3,5 Mrd. € je GW installiert. Alle 40 GW Windkraftwerke verursachen somit Investitionskosten in Höhe von 140 Mrd. € und das für eine angenommene Lebensdauer von 20 Jahren. In diesen 20 Jahren erbringen die OWEA eine Produktionsleistung von 138 TWh/a x 20 Jahre = 2760 TWh. Also verursacht die Stromproduktion offshore etwa 0,05 € Fixkosten je kWh, die sich über die Lebensdauer rentieren müssen. Betriebskosten und Zinslasten außer Ansatz. Die gleiche Rechnung für die 40 alternativen Kohlekraftwerke führt zu folgender Überlegung.

Ein Steinkohlekraftwerk neuester Technologie kostet je GW etwa 1,2 Mrd. € und hat eine Lebensdauer von etwa 50 Jahren. In dieser Zeit produziert die Anlage bei 6500 Jahresbetriebsstunden 325 TWh und 40 Kohlekraftwerke erbringen eine Produktionsleistung von 13.000 TWh. Der gleiche Rechnungsansatz wie den OWEA führt bei 48 Mrd. € Investitionskosten für alle 40 Kohlekraftwerke zu Fixkosten je kWh von 48 Mrd. €/13.000 TWh = 0,004 €/kWh, also vernachlässigbar klein. Im Gegensatz zu OWEA benötigen Kohlekraftwerke natürlich noch Primärenergie, also Steinkohle. Bei einem Wirkungsgrad von etwa 45 % benötigt ein neues Kohlekraftwerk für 6,5 TWh/a Output etwa 15 TWh Primärenergie und dazu sind umgerechnet etwa 1,8 Mill t Steinkohle notwendig zu Marktpreisen von derzeit etwa 320 €/t. Damit kostet die Primärenergie 144 Mill. €/Kraftwerk/a und damit die Brennstoffkosten je kWh 576 Mill. €/ 6,5 TWh = 0,09 €. Damit haben sich die Einsatzkosten nahezu vervierfacht und der Strompreis/kWh ist jetzt fast doppelt so hoch, wie bei dem o.g. Beispielwindpark. Eine Folge der Sanktionen gegen Russland. Das ist nicht etwa gut, sondern schlecht für die internationale Wettbewerbsfähigkeit der deutschen Industrie und wird Deutschland Arbeitsplätze kosten.

Und angesichts des Hochwassers in Deutschland in KW 27 und 28 2021 und seiner verheerenden Schäden werden die Rufe immer lauter, zur Eindämmung des Klimawandels noch drastischere Maßnahmen zu beschließen, als die EU-Kommission schon vorgetragen hat. Wer den Anfang des Kapitels aufmerksam durchgelesen hat, wird aber zu dem Schluss kommen, dass Deutschland den Klimawandel nicht bekämpfen sollte, sondern sich darauf einstellen muss. Das bedeutet für Hitzeperioden genau geplante Bewässerungssysteme und für Hochwasserperioden genau geplante Entwässerungssysteme an den jeweils geeigneten Stellen. Und weil sich nicht alles haarklein planen und umsetzen lässt, wäre es keine schlechte Idee, auch einmal auf Gottes Hilfe zu vertrauen und dem Katastrophenschutz mehr Aufmerksamkeit zu schenken. In einem Blackout der Stromversorgung werden wir diese Hilfe bitter nötig haben. Natürlich kann man CO_2 bepreisen und je höher umso besser für den Staatshaushalt, das ist aber ohne Einfluss auf das Klima in Deutschland oder gar das Weltklima.

7. Warum gibt es keine Erneuerbaren Energien ohne fossile Energien?

Wind- und Sonnenenergie stellen bekanntlich keine Rechnung, sondern verlangen Vorkasse und das aus guten Grund. Bevor auch nur eine einzige Solaranlage in Deutschland auf ein Dach geschraubt werden kann, wird sie wahrscheinlich in China in hochautomatisierten Werken produziert, die rund um die Uhr laufen und mit Strom aus Kohle- oder Kernkraftwerken. Dann wird sie in Plastikfolie, gemacht aus Erdöl, verschweißt, in Container verladen und von Fahrzeugen mit Verbrennungsmotor irgendwo an einen Hafen transportiert. Dann geht es per Schiff, dass mit Schweröl fährt um die halbe Welt bis nach Deutschland und wird hier von vielen Fahrzeugen mit Verbrennungsmotor transportiert, gelagert und schließlich mit einem Autokran auf ihr Dach abgesetzt und von Monteuren mit Akkuschraubern, die sie zuvor mit Graustrom geladen haben schließlich montiert. Haben Sie es bemerkt: **Ohne die Nutzung und Verbrauch fossiler Energien hätten Sie keine Solaranlage bekommen.** Und am Ende der Lebensdauer ihrer Solaranlage müssen Sie die Kollektoren entweder ewig auf dem Dach lassen oder als Sondermüll entsorgen. Ein durchdachtes und organisiertes Recyclingkonzept für Solarmodule gibt es bis heute nicht. Wenn es das gibt, müssen Sie die Entsorgung ihrer Solaranlage natürlich noch bezahlen.

Schauen wir uns den Lifecycle einer Windenergieanlage an. Sie besteht i.w. aus Stahl, sehr viel sogar. Stahl benötigt zur Herstellung Kokskohle und sehr viel Strom aus fossilen Kraftwerken für einen unterbrechungsfreien Prozess bis zum auswalzen von der Bramme zum Blech Flachstahl oder Baustahl. Die Rotorblätter sind aus GFK/CFK Faserverbundwerkstoff mit Kupfereinlagen gegen Blitzschlag versehen und schließlich in Autoklaven unter Druck und Temperatur ausgehärtet. Sie werden gelagert und schließlich mit dieselbetriebenen Spezialfahrzeugen an die Baustelle geliefert. Auf Wegen, die vorher geschottert wurden mit dieselbetriebenen Arbeitsmaschinen. An der Baustelle wartet schon der in der Erde gefertigte Beton-Standfuß aus mind. 3500 t Beton, der mit LKWs angeliefert und mit Betonpumpen verteilt wurde. Zur Betonherstellung braucht man natürlich Zement und zur Herstellung von Zement muss Kalkstein, also Calciumcarbonat (CaCO3) im Steinbruch gebrochen, mit Schwertransportern zur Brechanlage transportiert und dort zu Schotter zerkleinert werden. Dazu benötigt man konventionellen Strom. Schließlich wird der Schotter in die Schotterhalle des Zementwerkes transportiert und auf eine gleichmäßige Korngröße gebracht, um ihn in riesigen Drehrohröfen zu brennen, mit Kohle oder Gas bei bis zu 1450 °C und dabei wird jede Menge CO_2 frei. rund 4 Mrd. t /a weltweit. Zum Schluss wird der Zement als Sackware verpackt und mit dieselbetriebenen LKWs an die Kunden verteilt. Diese zugegebenermaßen nur rudimentäre Beschreibung der Produktion einer Windenergieanlage sollte Sie nur dazu bringen darüber nachzudenken, **dass es WEA ohne den Einsatz fossiler Energien bei der Herstellung und Inbetriebnahme nicht gibt und auch niemals geben wird.** Offshore WEA sind noch wesentlich energieintensiver, durch noch mehr Stahleinsatz und die Aufstellung auf See mit Arbeitsschiffen, die mit Diesel betrieben werden. Und nach der Lebensdauer einer WEA, geplant etwa 20 Jahre, muss jede WEA abgebaut und entsorgt werden. Den Stahl zu entsorgen ist kein Problem, die Rotorblätter zu entsorgen ist bis heute nicht möglich, außer, sie zu deponieren. Rotorblätter sind Verbundmaterial und das macht das Recycling so schwierig. Auch ist überhaupt nicht geklärt, wer am Ende der Lebensdauer die OWEA wieder aus der See holt? Auch dafür gibt es kein Rückholkonzept und vor allen Dingen, keine Erfahrung.

Ich hoffe, es ist deutlich geworden, das es unmöglich ist, Solar- oder Windenergieanlagen ohne den Einsatz von fossilen Energien zu produzieren und in Betrieb zu nehmen und am Ende der Lebensdauer von Solar- und WEA fehlt noch ein durchgängiges Entsorgungs- und Wiederaufbereitungskonzept. Und das kostet noch einmal viel Geld.

Ein besonderes Kapitel von WEA ist das Maschinenhaus, auch Gondel genannt, das den Generator und das Getriebe aufnimmt. In der Verlängerung des Generators sitzen die Rotorblätter zur Aufnahme der Windenergie. Natürlich muss ein Getriebe auch geschmiert werden und dazu braucht man Öl. Man braucht Getriebeöl, Öl für die Lager und Hydrauliköl für die Pitch-Hydraulik, also für die optimale Einstellung der Rotorblätter in den Wind. Insgesamt benötigt eine WEA mehrere hundert Liter Öl für eine einwandfreie Funktion. Und WEA auf See müssen sich gegen den aggressiven Seewind vor dem Eindringen von Feuchtigkeit in das Maschinenhaus absichern. Sie machen dies durch die Erzeugung von Überdruck im Inneren durch Ventilatoren. Hat die WEA einen Netzanschluss ist das kein Problem, dann verbraucht die WEA Strom und treibt damit den Ventilator an. Häufig ist es aber so, dass der Netzanschluss noch nicht fertiggestellt ist oder ausfällt. Für diesen Fall wird der Ventilator durch einen Dieselgenerator angetrieben, der einen Vorrat bis zu 30.000 l hat. Also auch hier wird deutlich, ohne fossile Energien ist weder die Produktion noch Aufstellung noch der Betrieb einer WEA möglich, es wird also nichts mit einer „Defossilisierung". Was im Übrigen auch gilt für den Bau eines Kohle- oder Kernkraftwerkes.

Verabschieden Sie sich also von dem Gedanken, dass das Zeitalter der fossilen Energien mit den Erneuerbaren Energien zu Ende geht. Fossile Energien sichern den Lebensstandard der heutigen Generation und wer das nicht will, muss sich entscheiden: Steinzeit oder zurück zur Kernenergie, um die Zukunft zu gewinnen.

Selbst Florentin Krause der Schöpfer des Begriffes „Energie-Wende" und Buches **„Energie-Wende, Wachstum und Wohlstand ohne Erdöl und Uran** von 1980 vom Öko-Institut in Freiburg wollte die Energiewende nicht ohne Kohle, so auf Seite 166:

„Die Bundesrepublik ließe sich - nach einer Umstellungsperiode — voll aus heimischen Energiequellen versorgen. Auf Kernenergie kann praktisch sofort, auf Erdöl und Erdgas längerfristig ebenfalls verzichtet werden.

Zur Bedarfsdeckung können erneuerbare Energien wie Sonne Wasser, Wind und Biomasse etwa die Hälfte beitragen; heimische Kohle könnte die andere Hälfte beisteuern." Die Variante »Sonne und Kohle« sah für 2030 vor, 110 Mio. t SKE zu verwenden, aus heimischer Kohle. Bei einem Wirkungsgrad von 45 % in Kohlekraftwerken hätte man damit ca. 403 TWh Strom gewinnen und damit 2/3 des heutigen Strombedarfes decken können. Hätte man! Deutschland hat die Förderung von Steinkohle aufgegeben.

8. Warum sind die EE nicht nachhaltig?

Die EE mit Sonnen- und Windenergie sind nicht nachhaltig, weil sie im Vergleich zu anderen Verfahren der Stromerzeugung viel zu viel Rohstoffe bei der Erstellung verbrauchen und am Ende ihrer Lebensdauer unglaubliche Mengen an Sondermüll hinterlassen, der aus heutiger Sicht nicht oder kaum recycelbar ist. Das folgende Bild zeigt das:

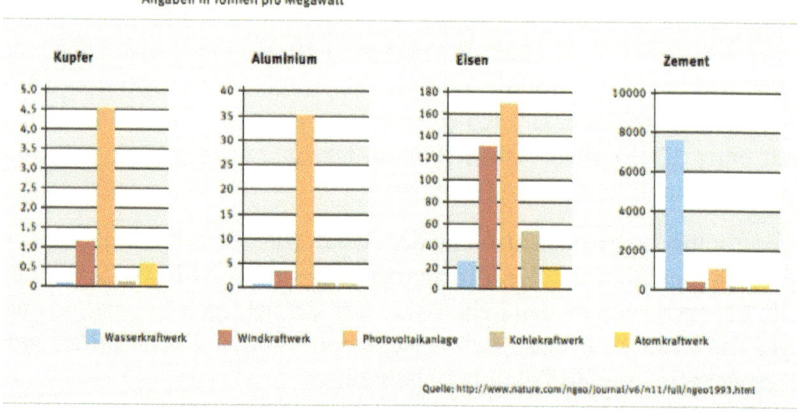

Quelle: http://www.nature.com/ngeo/journal/v6/n11/ngeo1993.html

Aus: Rohstoffe für die Energiewende – Menschenrechtliche und ökologische Verantwortung in einem Zukunftsmarkt

„Laut der Studie „*Metals fo a low-carbon societey*"(Metalle für eine kohlenstoffarme Gesellschaft") der Universität Grenoble wird für die Energiewende eine Vielzahl an Rohstoffen benötigt - und zwar nicht nur spezielle Metalle wie Seltene Erden oder Indium, sondern auch gewöhnliche Metalle wie Aluminium, Kupfer oder Eisen. So beansprucht beispielsweise eine Windkraftanlage oder PVA im Vergleich zu einem fossilen Kraftwerk mit **einer** Megawatt –Leistung „die 15-fache Menge an Zement, 90 Mal mehr Aluminium und das 50-fache an Eisen, Kupfer und Glas." Das ist die reinste Ressourcenverschwendung.

Verglichen damit ist der Ressourcenbedarf für ein Kernkraftwerk geradezu verschwindend gering. Im Gegenteil, niemand kann einem

Kernkraftwerk damit seine Nachhaltigkeit wegen des geringen Ressourcenverbrauches und CO_2 freiem Betrieb absprechen. Und der nahezu „kostenlose" Strom aus Sonnen- und Windkraft entpuppt sich als hohle Phrase und stellt klar, dass Deutschland mit Sonnen- und Windstrom die internationale Wettbewerbsfähigkeit verliert. Was jetzt im Herbst 2022 gerade bewiesen wird, wenn Unternehmen reihenweise wegen zu hoher Energiekosten aufhören zu produzieren und diejenigen, die noch produzieren, bei einem Lastabwurf auch nicht mehr produzieren können. Und der Sondermüll am Ende der Anlagenlebensdauer von ca. 20 bis 25 Jahren aus PV-Zellen und WEA ist kein Pappenstiel, er kann bislang kaum recycelt werden.

Und die EE sind noch aus einem weiteren Grund nicht nachhaltig und der ist tageszeit- und wetterbedingt. Die Sonne produziert Strom nach Tageszeit und der Wind nach Wetterlage. Eine Stromproduktion, die dem Bedarf folgt ist damit grundsätzlich nicht möglich. Und daher exportiert Deutschland Strom zu einem Zeitpunkt, zu dem ihn niemand braucht und muss Strom importieren zu dem es keinen hat. In 2021wurden 51,7 TWh importiert und 70,43 TWh exportiert. Der Exportstrom ist immer konventionell erzeugter Strom, z.B. aus Kohle- und Kernkraftwerken, der durch die Vorrangeinspeisung der EE direkt über die Bedarfslinie ins Ausland gedrückt wird. So wie sich der Wind dreht, können die Kohlekraftwerke natürlich nicht heruntergeregelt werden, also müssen sie mit einer Mindestleistung durchlaufen. Da wird fossiler Brennstoff verfeuert und Strom erzeugt, der natürlich auch bezahlt werden muss. Die Backup-Kraftwerke für ausbleibenden Wind und Sonne erzeugen natürlich auch CO_2, geschätzt mind. 0,06 kg/kWh. Allein die variablen Brennstoffkosten ergeben bei einem Weltmarktpreis von 312 €/t SKE für Steinkohle einen Preis je/kWh von 0,0383 € für Beschaffungskosten, eingesetzt zur Stromerzeugung und einem Wirkungsgrad von 43 % sind das 9 ct/kWh. Der Exportstrom kostet den Verbraucher damit 6,43 Mrd. € und darin sind Logistikkosten und Kapitalkosten eines Kohlekraftwerkes noch gar nicht enthalten. Je nach Großhandelsstrompreis kann Deutschland am Export verdienen, muss aber anderseits auch den Import bezahlen. Mit vermehrter Abschaltung der konventionellen Kraftwerke kommt der

Export von Strom an sein Ende und Deutschland wird zum Strommangelgebiet, es wird zum Dauerimportland von Strom aus den Nachbarländern. Sofern diese liefern können und wollen?

Außerdem ist es technisch und wirtschaftlich unmöglich, dass Deutschland so viel WEA neu installiert, wie zum einen aus der Vertragsbindung rauslaufen und damit stillgelegt werden und zum anderen die geplant noch stillzulegenden Kohle- und Kernkraftwerke kompensieren könnte. Wir werden sehen, dass das Winddargebot über Deutschland nicht unendlich ist. Ob die geplante Stilllegung so kommt wie geplant, weiß niemand. Die Bundesregierung hat deswegen das **„Ersatzkraftwerkebereithaltungsgesetz"** auf den Weg gebracht und die BNA hat dafür 5 GW Steinkohlekraftwerke reserviert.

„Für Steinkohle- und Mineralölanlagen sind diese Neuregelungen am 11. Juli 2022 in Kraft getreten, für Braunkohleanlagen der neuen Versorgungsreserve am 30. September 2022. Die Neuregelungen gelten zeitlich begrenzt bis zum 31. März 2024. Endgültige Stilllegungen dieser Anlagen sind bis zum 31. März 2024 verboten, soweit ein Weiterbetrieb technisch und rechtlich möglich ist (§ 50a Abs. 4 S. 1 EnWG)." (BNA 17.11.2022). Die Absicht der Bundesregierung ist jedenfalls nach wie vor, bis Ende 2030 aus der Kohleverstromung auszuscheiden, anstatt erst 2038.

Damit hat die Bundesregierung ihr **„Kohleverstromungsbeendigungsgesetz"** (KVBG) vom 08.08.2020 tlw. korrigiert. Das sah vor in § 1 und 2 Abs. 2 des Gesetzes:

1) Zweck des Gesetzes ist es, die Erzeugung elektrischer Energie durch den Einsatz von Kohle in Deutschland sozialverträglich, schrittweise und möglichst stetig zu reduzieren und zu beenden, um dadurch Emissionen zu reduzieren, und dabei eine sichere, preisgünstige, effiziente und klimaverträgliche Versorgung der Allgemeinheit mit Elektrizität zu gewährleisten.

(2) Um den Zweck des Gesetzes nach Absatz 1 zu erreichen, verfolgt dieses Gesetz insbesondere das Ziel, die verbleibende elektrische Net-

tonennleistung von Anlagen am Strommarkt zur Erzeugung elektrischer Energie durch den Einsatz von Kohle in Deutschland schrittweise und möglichst stetig zu reduzieren:

1. im Kalenderjahr 2022 auf 15 Gigawatt Steinkohle und 15 Gigawatt Braunkohle,

2. im Kalenderjahr 2030 auf 8 Gigawatt Steinkohle und 9 Gigawatt Braunkohle und

3. spätestens bis zum Ablauf des Kalenderjahres 2038 auf 0 Gigawatt Steinkohle und 0 Gigawatt Braunkohle.

Damit ist die geplante Stromabschaltung in Deutschland gesetzeskonform und der Traum von PtG ausgeträumt. Aber das ist er ohnehin.

Und weil das **„Ersatzkraftwerkebereithaltungsgesetz"** gemeinsam mit dem **Kohleverstromungsbeendigungsgesetz"** natürlich noch einer Verordnung bedarf, hat das Bundesministerium für Wirtschaft und Klimaschutz einer **„Verordnung zur befristeten Ausweitung des Stromversorgungsangebotes durch Anlagen aus der Versorgungsreserve"** erlassen. „Durch diese Verordnung können Anlagen, die der Versorgungsreserve vorgehalten werden bis zum 30 Juni 2023 befristet am Strommarkt teilnehmen." Das ist notwendig, um weiterhin die Versorgungssicherheit zu gewährleisten und eine Gefährdung des Gasversorgungssystems zu verhindern. Das ist die natürliche Konsequenz daraus, dass Sie Erdgas entweder verstromen oder zur Heizung benutzen können, aber beides zusammen geht nicht. Man kann eine Kuh entweder schlachten oder melken, beides zusammen ist nicht zu haben.

Das folgende können Sie jetzt überlesen: Wohl noch nie in der deutschen Geschichte haben sich alle deutschen Regierungen seit 2005 so intensiv um die Zerstörung des eigenen Landes bemüht. Das o.g. politische Dreibackenfutter wird fest gespannt durch den fortwährenden Kampf um die soziale Gerechtigkeit für alle Menschen dieser Erde. Unsere politische Klasse will unbedingt zu den Guten in der Welt gehören und zeigt Moral ohne Rechtsgrundlage und zerstört dadurch unser Land. Wer übernimmt dafür die Verantwortung? .

9. Warum wird es wärmer in Deutschland?

Die Wissenschaft kann kaum für 20 Tage das Wetter voraussagen, hat aber kein Problem damit, bis zum Ende des Jahrhunderts die Überhitzung der Erde zu prognostizieren, wenn jetzt nicht endlich eine Begrenzung und sogar Vermeidung von CO_2 Emissionen durch den Verzicht auf die Nutzung fossiler Energien durchgesetzt wird. CO_2 ist Kohlendioxyd, hat eine Dichte, die 50 % höher ist als Luft und kann sich demzufolge immer nur in Bodennähe sammeln und nicht an die Atmosphärengrenze aufschwingen, um von dort die Überhitzung der Erde einzuleiten. Luft ist ein Gasgemisch und das CO_2 hat daran einen Anteil von 0,04 Vol. %. Es war auch schon vor der industriellen Zeit in der Natur vorhanden und das UBA spricht von 97 % Anteil natürlichen Ursprungs, so dass der Mensch für 3 % des in der Luft vorhandenen CO_2 verantwortlich ist. Von 400 ppm CO_2 in der Luft sind das gerade 12 ppm anthropogen und Deutschlands Anteil davon ist 2 %, also 0,24 ppm oder $2,4x10^{-7}$ppm absolut oder 0,000 000 24 ppm.

Jetzt muss man auch die Frage stellen, welchen Einfluss die gesteckten Klimaziele der Menschheit auf die CO_2 Emissionen insgesamt haben werden, es sind ja nur 12 ppm beeinflussbar? Wird davon nur die Hälfte weltweit eingespart, also 6 ppm, so wirkt sich das mit 1,5 % der CO_2 Konzentration in der Erdatmosphäre aus. Dieser Wert liegt im Rahmen der Messgenauigkeit, zwischen morgens und abends und natürlich zwischen den Jahreszeiten. Die Photosynthese im Sommer hat eine ganz andere Wirkung, als im Winter. Das ist gar nicht diskussionsfähig.

Die Welt hat dazu schon am 04.07.2011 geschrieben:

„**Die CO_2-Theorie ist nur geniale Propaganda.** Auf die Idee des menschengemachten Klimawandels baut die Politik eine preistreibende Energiepolitik auf. Dabei sind die Treibhaus-Thesen längst widerlegt. Alle Parteien der Industriestaaten, ob rechts oder links, werden die CO_2- Erderwärmungstheorie (http://www.welt.de/themen/Erderwärmung/) übernehmen. Dies ist eine einmalige Chance, die Luft zum Atmen zu besteuern. Weil sie damit angeblich die Welt vor dem Hitzetod bewahren, erhalten die Politiker dafür auch noch Beifall. Keine Partei wird dieser Versuchung widerstehen." Dies prophezeite mir schon 1998 Nigel Calder, der vielfach ausgezeichnete britische Wissenschaftsjournalist, jahrelanger Herausgeber vom "New Scientist" und BBC-Autor. Zusammen mit den dänischen Physikern Hendrik Svensmark und Egil Friis-Christensen vom renommierten Niels Bohr Institut hatte er 1997 das Buch: "The manic sun – die launische Sonne" veröffentlicht, in dem sie anhand von Forschungen die Sonne für unser Klima verantwortlich machen. Er hat mit seiner Einschätzung der Parteien Recht behalten. Die Ergebnisse der Forscher, die wissenschaftliche Arbeiten über die Auswirkungen der Sonne und der Strahlungen aus dem Weltall auf unser Klima beinhalten, werden weitgehend totgeschwiegen. Damit können die Politiker nichts anfangen. Das würde bedeuten, dass die Flut von Gesetzen, mit denen die Bürger zu immer neuen Abgaben und Steuern gezwungen werden, um die Welt zu retten, nicht mehr zu rechtfertigen wäre. Weder Glühbirnenverbot noch die gigantischen Subventionen für die so genannte Erneuerbare Energie würden einen Sinn machen. Statt mit Steuern den Klimawandel (http://www.welt.de/themen/Klimawandel/) zu beeinflussen, müssten sie sich mit den Folgen des natürlichen Klimawandels beschäftigen.

…Doch was als unerschütterliche Wahrheit streng wissenschaftlich daher kommt, kann als geschickte, ja geniale Propaganda enttarnen, wer sich nicht nur einseitig informiert. Es gibt aus den letzten Jahren ca. 800 wissenschaftliche Veröffentlichungen, die die CO_2-Treibhausthesen (http://www.welt.de/themen/CO2/) widerlegen. Der Hauptunterschied zu den Klimamodellierern: Sie legen Versuche mit Messungen vor, während die vom IPCC (der gern als "Weltklimarat" bezeichneten internationalen Behörde) veröffentlichten Studien auf Computermodellen und Berechnungen basieren. Auf einen kurzen Nenner gebracht, lautet der Gegensatz: Fakten gegen Berechnungen. Wenn aber die Fakten nicht von der Öffentlichkeit wahrgenommen werden, haben sie in der politischen Entscheidungsfindung auch keinen Einfluss.

Die Bepreisung von CO_2 hat nichts mit Umweltschutz zu tun

Gleichwohl baut die Bundesregierung samt Opposition auf dem Modell eines menschengemachten Klimawandels eine preistreibende Energiepolitik (http://www.welt.de/themen/Energiepolitik/) auf, die

die deutsche Volkswirtschaft dreistellige Milliardenbeträge kostet. Dass sie damit zunehmend allein in der Welt steht, macht ihr nichts aus.

Wenn es um Weltuntergang geht, sind die Deutschen vorn

Nigel Calder hatte dafür 1998 auch schon eine Begründung. "Am Anfang war die CO_2- und Erderwärmungstheorie eine angelsächsische Erfindung, die nicht zuletzt von der Nuklearindustrie gefördert wurde, die für sich eine Wiederbelebung erhoffte. Aber dann wurde daraus mehr und mehr ein Szenarium für den Weltuntergang und das widerstrebt den nüchternen Angelsachsen. Da erinnerte man sich im IPCC: The Germans are best for doomsday theories!" Wenn es um den Weltuntergang geht, sind die Deutschen am besten. So wurde die Klima-Treibhaus-Untergangstheorie den Deutschen übergeben. Ich fürchte: Nigel Calder hat hier auch wieder Recht." (Ende Zitat)

Ohne sich jetzt weiter mit dem Für und Wider der CO_2 Theorie auseinanderzusetzen würde der Treibhauseffekt voraussetzen, dass überhaupt eine Sonneneinstrahlung erfolgt, so dass die von der Erdoberfläche in Richtung der Atmosphärengrenze abgehende Wärmestrahlung dort oben wieder zur Erde zurückreflektiert wird und diese aufheizt. Ohne Sonneneinstrahlung hätte die Erde auch keine Energie aufgenommen und könnte diese in den Weltraum zurückstrahlen. Und eine Reflektion an der Atmosphärengrenze würde voraussetzen, dass dort irgendwo die Luft eine unterschiedliche Dichte hätte, also eine Grenzschicht existieren würde, irgendwie zur Umgebung. Die gibt es aber nicht, die Luft wird zwar dünner und der CO_2 Gehalt sinkt absolut aber die Luft bleibt homogen und ihre Zusammensetzung ändert sich relativ nicht. Interessant ist auch die Feststellung, dass sich nach der Treibhauseffekttheorie die Erde ständig aufheizen müsste, die Wärme sich sozusagen akkumuliert aber genau das passiert nicht. Mit Sonnenuntergang wird es regelmäßig kälter, Sommer wie Winter und im Winter ist die Wärme des Sommers verschwunden und Sie müssen heizen. Was ist also die Ursache für den weltweiten Klimawandel und da stellt sich in der Tat die Sonne als Verursacher heraus, wie folgende Bilder zeigen. Die Sonnenscheindauer 2020 im Vergleich mit der Periode 1981 bis 2010 auf https://www.wetterkontor.de/de/wetter/deutschland/monatswerte-sonnenschein.asp?y=2020.

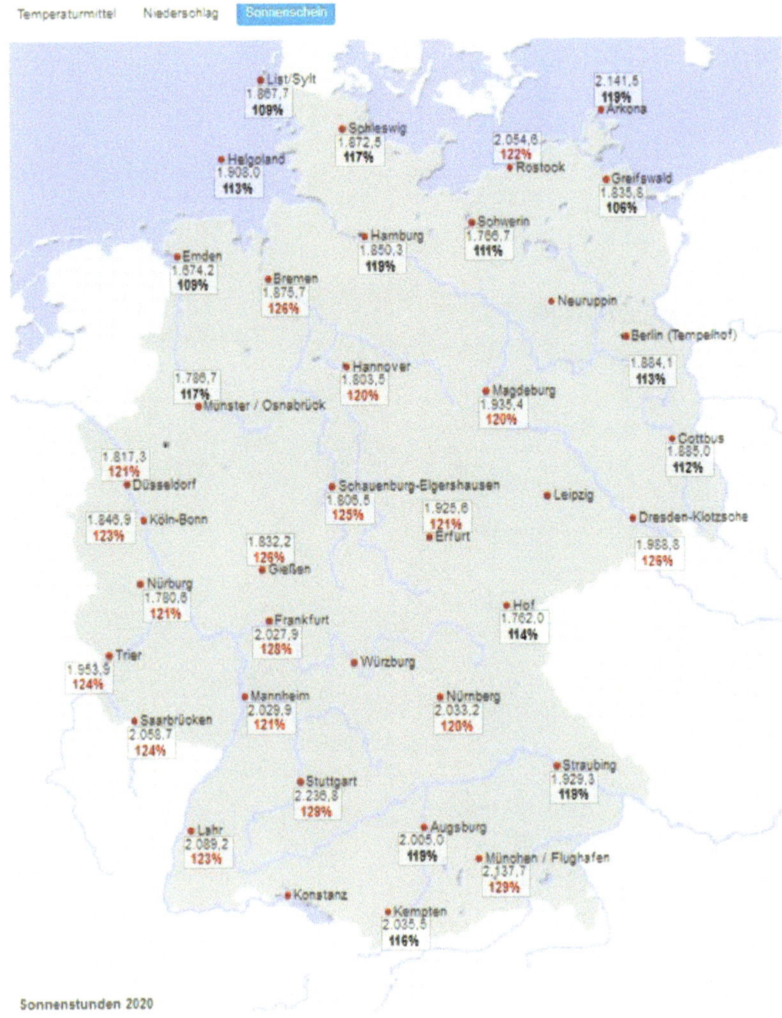

Der obere schwarze Wert zeigt die Sonnenscheindauer in Stunden für den angegebenen Zeitraum an. Die untere Zahl gibt dagegen den Prozentsatz im Vergleich zum 30-jährigen Mittelwert (100 Prozent) an. Werte unter 80 Prozent werden dabei in grau, Werte zwischen 80 und 120 Prozent in schwarz, Werte größer als 120 Prozent in rot dargestellt.

Und wo die Sonne außergewöhnlich viel scheint, kann es natürlich auch nicht ausreichend Niederschläge geben, wie folgendes Bild zeigt:

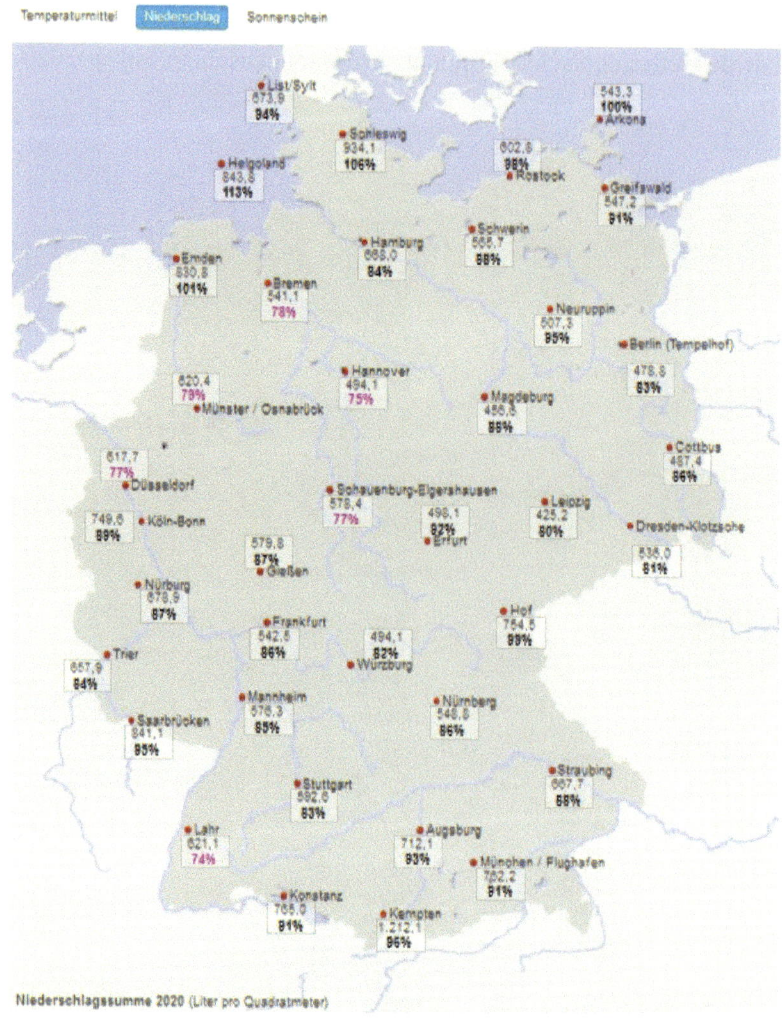

Niederschlagssumme 2020 (Liter pro Quadratmeter)

Der obere schwarze Wert zeigt die Niederschlagsumme in Liter pro Quadratmeter für den angegebenen Zeitraum an. Die untere Zahl gibt dagegen den Prozentsatz im Vergleich zum 30jährigen Mittelwert (100 Prozent) an. Werte unter 80 Prozent werden dabei in der Farbe rosa, Werte zwischen 80 und 120 Prozent in schwarz, Werte größer als 120 Prozent in grün dargestellt.

Es ist also deutlich festzustellen, dass eine steigende Sonnenschein-dauer in Deutschland einher geht mit geringen Niederschlagsmengen und daher die Trockenheit in 2020. Es leuchtet hoffentlich ein, dass eine längere Sonnenscheindauer nichts mit dem CO_2 Gehalt der Luft zu tun haben kann, außer, dass eine längeres Sonnenscheindauer das CO_2 in der Luft über die Photosynthese reduziert. Eine längere Sonnenscheindauer bedeutet auch, dass mehr Strahlungsenergie die Erde erreicht, sofern das Wolkenbild das zulässt, und das führt zur Erwärmung der Erde und zwar überall auf der Welt.

Dieser Effekt wurde in einer peer-reviewed Publikation in „Atmosphere" von Fritz Vahrenholt und Hans Rolf Dübal festgestellt. **„Die Erwärmung der letzten 20 Jahre hat ihre wesentliche Ursache in der Veränderung der Wolken"**, „Der Nettostrahlungsfluss, also die Differenz zwischen solarer Einstrahlung und lang- und kurzwelliger Abstrahlung, bestimmt die Veränderung des Energieinhaltes des Klimasystems. Ist er positiv, so heizt sich die Erde auf, ist er negativ, so bedeutet das eine Abkühlung." Durch Auswertung von Satellitendaten der NASA wurde festgestellt, dass die Erwärmung der Erde in den letzten 20 Jahren auf eine höhere Durchlässigkeit der Wolken für die kurzwellige Sonneneinstrahlung zurückzuführen ist. „Zu diesem eindeutigen Ergebnis kommen die Autoren nach Auswertung der CERES-Daten Strahlung." Und die kurzwellige Sonneneinstrahlung hat auf Grund der Abnahme niederer Wolken von 2005 bis 2019 zugenommen.

Schauen wir uns die Sonnenscheindauer im Sommer 2022 an, so zeigt sich in der Tat eine noch höhere Sonneneinstrahlung als 2020, verglichen mit der Periode von 1981 – 2010.

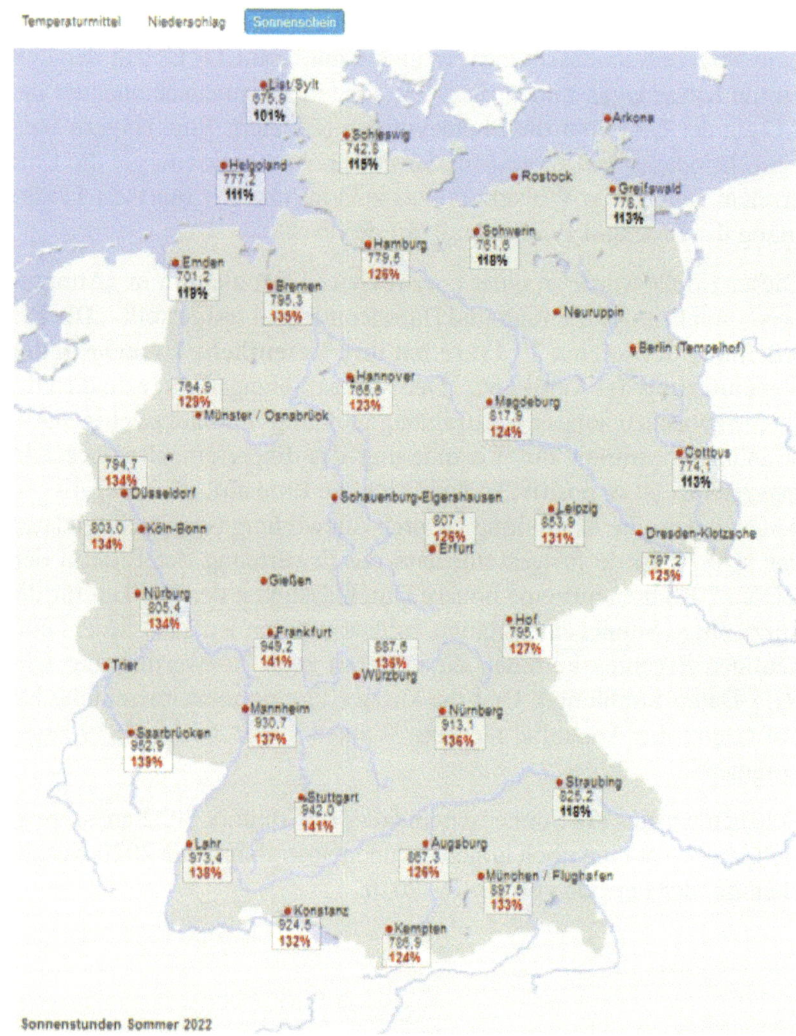

Und natürlich waren auch die Niederschläge erheblich geringer als in der Vergleichsperiode von 1981 – 2010 mit der Ausnahme von Konstanz am Bodensee.

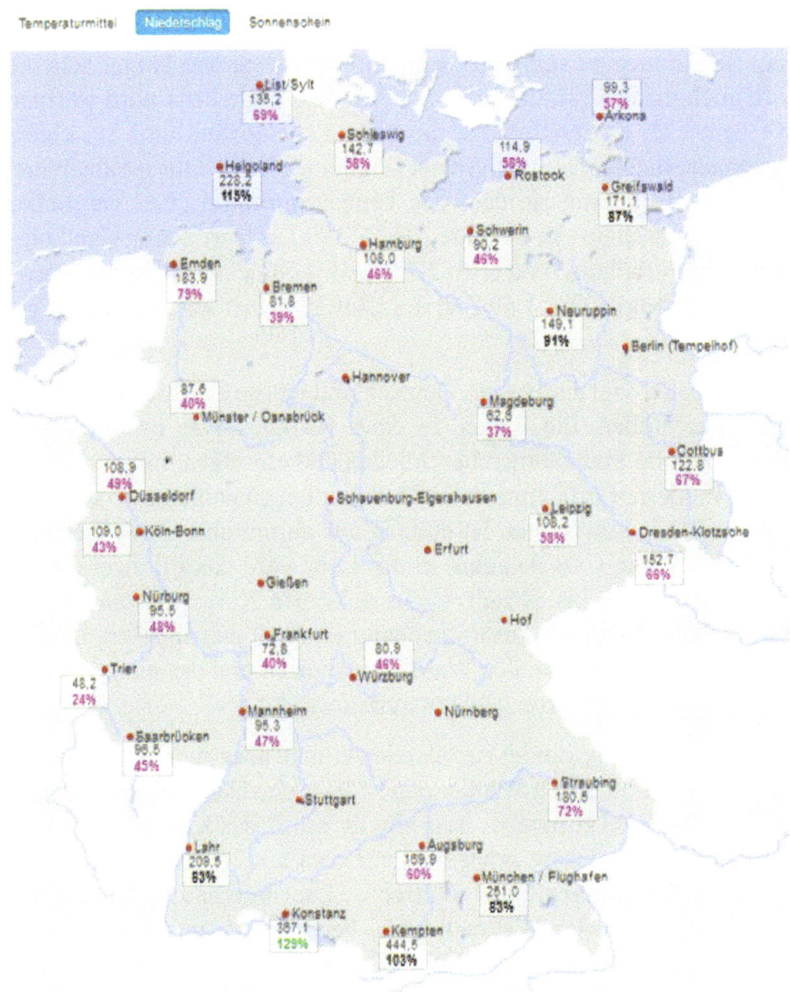

Niederschlagssumme Sommer 2022 (Liter pro Quadratmeter)

Der obere schwarze Wert zeigt die Niederschlagssumme in Liter pro Quadratmeter für den angegebenen Zeitraum an. Die untere Zahl gibt dagegen den Prozentsatz im Vergleich zum 30jährigen Mittelwert (100 Prozent) an. Werte unter 80 Prozent werden dabei in der Farbe rosa, Werte zwischen 80 und 120 Prozent in schwarz, Werte größer als 120 Prozent in grün dargestellt.

Die Sonnenscheindauer 2022 ist noch einmal höher als 2020 und es war ja auch tatsächlich wärmer und die Niederschläge im Sommer

2022 waren geringer als 2020. Der gleiche Effekt zeigt sich auch für das warme Jahr 2018, mit signifikant niedrigeren Niederschlagsmengen. Sie können es selbst nachprüfen. Wo die Sonne länger scheint, wird auch mehr Strahlungsenergie übertragen, die Erde wird wärmer. Mit dem CO_2 in der Luft hat das aber nichts zu tun und mit einem Treibhauseffekt auch nicht. Soviel Logik muss sein. Interessant in diesem Zusammenhang ist, dass das Temperaturmittel 2022 verglichen mit dem Durschnitt der Periode 1961 – 1990 in Norddeutschland eine Temperaturerhöhung von etwa 2 ° C und in Süddeutschland von etwa 3, 5 ° C ausweist. Das 1,5° Ziel des COP27 haben wir also längst gerissen.

Es wäre daher viel sinnvoller, Deutschland würde sich auf den Klimawandel einstellen, die Folgen in einer Risikoanalyse bewerten und dann sinnvolle Maßnahmen beschließen und umsetzen, um so die Folgen zu mildern. Den Klimawandel bekämpfen zu wollen mit dem Verzicht auf CO_2 Emissionen ist einfach nur dumm und sinnlos. Bei einem vermehrten CO_2 Angebot in der Luft, wird das Pflanzenwachstum beschleunigt, bis es sich wieder auf einen Normalzustand eingependelt hat. In diesem Zusammenhang ist noch anzumerken, dass es auch völlig unsinnig ist, den Wald zu verheizen und das auch noch als klimaneutral zu bewerten, anstatt aufzuforsten.

Sich auf den Klimawandel einzustellen könnte aber auch bedeuten, die Stromproduktion durch Windenergie sofort einzustellen, denn es gibt ernstzunehmende Hinweise, dass von ihr mind. das Kleinklima beeinflusst wird. So schreibt www.topagrar.com am 26.11.2020: **„Beeinflusst die Windenergie das Wetter"**, „Laut internationalen Studien soll Windenergie das Wetter negativ beeinflussen und die Windgeschwindigkeit verringern. Die These ist in der Fachwelt stark umstritten.

Mehrere Studien aus den USA und China zeigen erhebliche meteorologische Effekte aufgrund der Windenergienutzung. Nach der jüngsten Studie aus China (veröffentlicht im Dezember 2018) soll es eine deutliche weltweite Abnahme der Windstärke seit 1979 geben. Sie sei am auffälligsten überall dort (am meisten in China), wo die Konzentration von Windparks bzw. Windstromgewinnung besonders hoch ist, heißt es in einem Schreiben einer Windkraftkritikerin an die top agrar-Redaktion. Das hätte die Ausbremsung der dynamischen Strömungen in der Atmosphäre durch Windturbinen zur Folge. Infolgedessen gäbe es einen störenden Einfluss auf das globale Wettersystem, wodurch zwangsläufig Dürren und Extremwetterereignisse hervorgerufen würden." (Ende Zitat).Und https://www.europeanscientist.com schreibt am 24.01.2020: **„Windräder verschlechtern das Klima",**

„Die deutsche Politik möchte durch den Wechsel von kohlenstoffhaltigen zu regenerativen Energieträgern zur Abmilderung des globalen Klimawandels beitragen. Da Wasserkraft und Biomasse-Vergasung bereits ausgereizt sind und die Photovoltaik im Winter nur einen sehr geringen Beitrag zur Energieversorgung leisten könnte, richten sich die Erwartungen vor allem auf die Windkraft. Schon drehen sich in Deutschland etwa 30.000 Windräder. Die vor 20 Jahren installierten Windräder werden jetzt sukzessive stillgelegt und hoffentlich restlos abgebaut, weil ihre Förderung nach dem Erneuerbaren Energien Gesetz (EEG) ausläuft. Wieweit diese durch größere und damit leistungsfähigere Anlagen ersetzt werden können, die vielleicht auch ohne Subventionierung rentabel sind, ist ungewiss. Etwa 1.000 Bürgerinitiativen kämpfen in Deutschland gegen neue Windkraft-Projekte, weil sie nicht nur die ästhetische Beeinträchtigung ihrer Heimat, sondern auch Gesundheitsbeeinträchtigungen durch den von Windrädern erzeugten Infraschall befürchten. Neuerdings taucht aber immer öfter auch die Frage auf, wieweit die Windkraftnutzung überhaupt noch ausgebaut werden kann, ohne dass die Windräder sich gegenseitig den Wind wegnehmen und obendrein das regionale Klima ungünstig beeinflussen.

Fazit: Die Nutzung der Windkraft kann nicht unhinterfragt als ökologisch nachhaltig gelten. Vieles weist darauf hin, dass sie das Klima regional aufheizt und der Trockenheit Vorschub leistet, statt die globale Erwärmung zu bremsen. Ohnehin kann die Windkraftnutzung in einem Land wie Deutschland herkömmliche Energiequellen wegen ihres insgesamt begrenzten Potenzials nur zum geringen Teil ersetzen. Ohnehin eignet sich die Windenergie wegen ihrer großen Volatilität nicht für die Abdeckung der Grundlast eines Stromnetzes. Ihre Zufallsabhängigkeit beeinträchtigt vielmehr die Stabilität der Netze. Als ökologisch sinnvoll können nur Energiequellen wie der hier vorgestellte Dual-Fluid-Reaktor gelten." (Ende Zitat)

Die Max-Planck-Gesellschaft in Jena hat zu diesem Thema schon 2014 den folgenden Artikel veröffentlicht: **„Kraftwerk Erde",** und versucht die Frage zu beantworten wieviel Energie der Erde sich nachhaltig nutzen lässt, um den Energiehunger der Menschheit zu stillen?

In aller Kürze:

„Ein Beispiel ist die Nutzung der Windenergie über Land. Sie steht am Ende einer Kette, die mit 1000 Terawatt beginnt. So viel Leistung fließt durch die solare Erwärmung in die globale Erzeugung von Wind. Etwa die Hälfte davon trägt der Wind nahe der Erdoberfläche in sich, ist also für Windkraftanlagen erreichbar. Da die Landflächen kleiner als die Ozeanflächen sind, bleiben davon 125 Terawatt übrig. Turbulenzen in der Atmosphäre, also schlicht Reibung in der Luft, fressen davon allerdings nochmals 77 Terawatt weg. So bleiben rund 50 Terawatt an Windleistung übrig, die im Prinzip über Land technisch nutzbar ist. Würde man diese Leistung jedoch voll ausschöpfen, käme die weltweite Wettermaschine ins Stottern. Nachhaltig nutzen ließen sich maximal zehn Prozent davon, schätzt Axel Kleidon. Diese fünf Terawatt entsprächen demnach knapp einem Drittel des gesamten Energiebedarfs der Menschheit."

Werden diese 5 Terawatt zur weltweiten Nutzung jetzt auf die Fläche Deutschlands heruntergebrochen, verbleiben rund 21 GW Leistung, die der Atmosphäre an Windenergie max. entnommen werden können. Da die bisher installierte Windenergieleistung von 56 GW einen Ertrag von ca. 98 TWh erbracht hat, entspräche das einer Leistung von 11 GW bei Vollauslastung. Hochgerechnet auf 21 GW wäre der max. Ertrag also 187 TWh/a Windenergie über Deutschland. Das zeigt also, dass der Wind auch nur eine begrenzte Ressource ist, die man nicht beliebig ausquetschen kann und sich durch Windparks im ungünstigen Fall sogar selbst ausbremst.

Eine weitere Untersuchung des Helmholtz-Forschungszentrums Hereon in Geesthacht bestätigt, dass auch die Energiegewinnung offshore nicht beliebig gesteigert werden kann. Veröffentlicht in Nature Science Report (11826/M21) am 03.06.2021 durch Novad Akthar, Experte für regionale Klimamodellierung u.a.

"Accelerating deployment of offshore wind energy alter wind climate and reduce future power generation potentials" vom 03.06.2021.

"The European Union has set ambitious CO2 reduction targets, stimulating renewable energy production and accelerating deployment of offshore wind energy in northern European waters, mainly the North Sea.... The large-size of wind farms and their proximity affect not only the performance of its downwind turbines but also that of neighboring downwind farms, reducing the capacity factor by 20% or more, which increases energy production costs and economic losses. We conclude that wind energy can be a limited resource in the North Sea. The limits and potentials for optimization need to be considered in climate mitigation strategies and cross-national optimization of offshore energy production plans are inevitable."

In einem Leserbrief DNH (Die Neue Hochschule) 06|2020 schreibt Prof. Dr. Helmut Keutner der Beuth Hochschule für Technik Berlin zu dem Artikel **„Sonnenstunden nicht gleich Energieausbeute"** in DNH 05|2020 wie folgt:

„Für Westafrika sind solartechnische Maßnahmen sicherlich eine gute Lösung bei großem Energieeintrag durch Sonnenstrahlung (und geringer Industrialisierung). In Mittel- und Nord-Europa allerdings problematisch, da z. B. in Deutschland die Solarenergie „nur" zu rund 1.000 Volllast-Stunden bei PVSolar führt, für Windkraftindustrieanlagen onshore zu rund 1.800, offshore zu rund 3.000 (und das zugleich volatil/problematisch bei einer Industriegesellschaft). Die Sonneneinstrahlung ist somit deutlich geringer als in Westafrika. Es kommt in Mittel-/Nord-Europa allerdings noch zu einem weiteren Problem /Nachteil. In einem Forschungsprojekt des u. g. Verfassers an der Beuth HS Berlin der letzten zehn Jahre in Zusammenarbeit mit meteorologischen Instituten hat sich herausgestellt, dass durch den (großen) Entzug von Energie (in Gebieten mit geringer Sonneneinstrahlung) aus der Atmosphäre durch solar- und wind-

krafttechnische Lösungen der Jetstream (bandförmige Windströme /Bänder, beeinflussen das Wetter maßgeblich) sich verlangsamt und sich somit verschiebt (dieser korreliert direkt mit dem Wettergeschehen). Dies zieht Trockenperioden nach sich, die sich gebietsmäßig verschoben haben. **Dadurch hat dies in Deutschland in den letzten 20 Jahren zu einem Mehrfachen von Waldbränden und Wassernot geführt (die noch weiter gesteigert werden würden bei weiterem Ausbau derselbigen Anlagen).** Somit kann in diesen aufgeführten Gebieten der sogenannte „Klimaschutz" (Klima ist eine Statistikdatenbank der gemittelten Wetterdaten über vergangene Jahrzehnte) durch solar- und windkrafttechnische Anlagen keine Lösung sein, sodern nur mittels massivem CO_2-freiem Kernkraftwerksausbau der vierten Generation, angefangen z. B. mit gaufreien Hochtemperaturreaktoren und Dual Fluid Reaktoren. Beide lösen zugleich das Endlagerungsproblem."
Prof. Dr. Helmut Keutner. Beuth Hochschule für Technik Berlin

Physics Today schreibt im August 2020 in einem Artikel:„**The Warmth of wind power",** "As wind turbines harvest energy, they redistribute heat in the lower atmosphere. Farmers have bee exploiting the effect for decades. …As they harvest kinetic energy, those turbines reduce wind speeds and introduce wake turbulence, which in turn alters the exchange of heat, moisture, and momentum between Earth´s surface and the lower atmosphere.

Nach Auswertung aller vorliegenden Forschungsergebnisse ist nicht von der Hand zu weisen, dass Windenergienlagen sowohl das Mikroklima beeinflussen, als auch die Wolkenbildung beeinflussen und es wäre daher fahrlässig, einem weiteren Ausbau der Windenergie das Wort zu reden. Die Windenergie hat die Energiewende in ein Dilemma geführt, was es doch eigentlich zu vermeiden galt.

Je größer der Strommangel desto mehr WEA desto größer Dürre und fehlende Niederschläge desto schneller der Klimawandel und desto dringender die Energiewende mit EE. Ein circulus vitiosus, aus dem uns wahrscheinlich erst ein Blackout herausführt.

10. Warum sind Wasserstoff und Wärmepumpe Lösungen für Nichts?

Offensichtlich sind Wasserstoff, Wärmepumpe und Geothermie die letzten Trumpfkarten der Energiewende und das Elektroauto emissionsfrei, bevor sich der Hype selbst entzaubert. Das Problem dieser Trumpfkarten ist, dass sie nur mit Strom funktionieren, der zur Mangelware wird, wenn die letzten konventionellen Kraftwerke das Licht ausmachen. Wasserstoff kommt nicht irgendwo in der Natur vor, sondern wird erst durch eine Wasserstoffelektrolyse mit Strom erzeugt und ist also Sekundärenergie, im Gegensatz zu einem Stück Kohle oder Barrel Erdöl. Und eine Wärmepumpe kann ihre „Energiegewinnung aus dem Nichts" ohne Strom glatt vergessen. Man braucht also für alle o.g. Trumpfkarten der Energiewende Strom.

Dazu schreibt Dr. Ulf Bossel: **„Wasserstoff löst keine Energieprobleme"**

Befürworter einer Wasserstoffwirtschaft sprechen von nachhaltiger Energie, die aus vielen Quellen abgeleitet werden kann. Diese Versprechungen sind kaum haltbar. Wasserstoff ist lediglich ein Energieträger, dessen Herstellung, Verteilung und Nutzung enorm viel Energie verschlingt. Selbst mit effizienten Brennstoffzellen ist nur ein Viertel des ursprünglichen Energieinputs zurück zu gewinnen.

*Langfristig wird Wasserstoff mit Strom aus erneuerbaren Quellen erzeugt werden. Da sich Strom über Leitungen sehr effizient verteilen lässt, kann Wasserstoff den Wettstreit mit seiner Ursprungsenergie nie gewinnen. **Aus physikalischen Gründen hat eine Wasserstoffwirtschaft keine Chance.** Man sollte sich auf eine „Elektronenwirtschaft "einstellen.*

Veröffentlicht am 16.12.2010
Themenbereich: Innovative Energie-, Stoffwandlung und -nutzung
DOI: http://dx.doi.org/10.14625/KXP:1786303604
Lokale URL: http://leibniz-institut.de/archiv/bossel_16_12_10.pdf

Der weltweite Wasserstoffbedarf betrug 2021 etwa 600 Mrd. m^3 und wurde vorwiegend aus fossilen Quellen gedeckt (Erdgas) und durch Reformierung produziert. Wasserstoff wiegt unter atmosphärischen Bedingungen 0,09 kg/m^3 und ist damit etwa 14 x leichter als Luft. Wasserstoff (H_2) hat einen Energieinhalt von 120 MJ/kg oder auch 33,33 kWh/kg. Das ist etwa der dreifache Energieinhalt von Diesel oder Benzin.

Umgerechnet sind 600 Mrd. m^3 Wasserstoff etwa 54 Mill t. mit einem Energieinhalt von umgerechnet 1,8 x 10^{12} kWh oder auch 1800 TWh. Das ist etwas mehr als die Hälfte des deutschen Primärenergiebedarfes von 12.193 PJ oder auch 418,5 Mill t SKE in 2021 oder 3387 TWh. Die Stromeinspeisung Deutschlands 2021 betrug 518 TWh, davon EE 220 TWh und Konventionelle 298 TWh. Importiert wurden 51,7 TWh und exportiert 70,3 TWh. Die Bruttostromproduktion 2021 belief sich auf 583 TWh (Destatis). Spitzenreiter der Stromerzeugung war die Kohle mit einem Anteil von 30,2 % des eingespeisten Stroms.

Auf der Weltklimakonferenz COP27 in Sharm-El-Sheikh hat Bundeskanzler Scholz verkündet, dass Deutschland bis 2045 klimaneutral wird und innerhalb der EU bis 2050. „Wir werden aus den fossilen Brennstoffen aussteigen ohne Wenn und Aber". Windkraft, Solarenergie und grüner Wasserstoff sind dann noch die einzigen Energiequellen, die Deutschland einsetzt denn Kernenergie ist für die Bundesregierung ohnehin ein rotes Tuch. Für die Energiewende ist die Nutzung von Erdgas notwendig, um eine Unterdeckung zwischen Stromangebot durch EE und Nachfrage kurzfristig als Residuallast bereitstellen zu können. Und wird zu viel Strom erzeugt, entsteht also ein Einspeiseüberschuss, so soll dieser zukünftig nicht mehr exportiert, sondern elektrolysiert werden um daraus Wasserstoff zu erzeugen, in 2021 waren das ca. 70 TWh. Und wird der Wasserstoff rückverstromt, hofft man damit die Unterdeckung auszugleichen, so dass im Inland erzeugter Strom weder exportiert noch importiert werden muss. Keine schlechte Idee, wenn es funktioniert?

Der Haken an der Sache ist, dass es derzeit überhaupt nur Exporte gibt, weil die konventionellen Kraftwerke nicht so schnell heruntergeregelt werden können, wie sich der Wind dreht. Wird komplett auf fossile und atomare Kraftwerke verzichtet, gibt es niemals einen Stromüberschuss, sondern ausschließlich eine Strommangellage mit Importbedarf. Das folgende Bild aus Smard.de vom 29.10. – 02.11. 2022 zeigt das, zuerst mit konventionellen Energien.

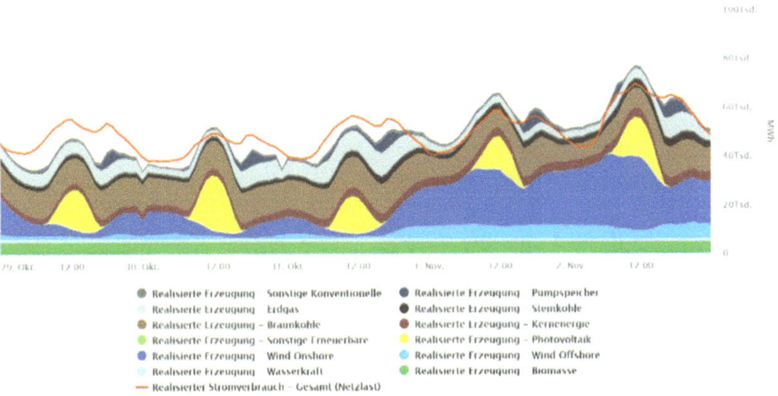

Man kann deutlich sehen, dass am 29.10. sowohl die erneuerbaren als auch die konventionellen Energien den Strombedarf nicht decken konnten und daher Strom importiert werden musste. Am 02.11. wurde im Gegensatz dazu in der Mittagszeit genügend Strom produziert, der exportiert werden musste. Diesen Ausgleich zwischen Strommangel und Stromüberschuss soll PtG, also Wasserstoff schaffen. In Zeiten von Stromüberschuss soll durch Elektrolyse Wasserstoff erzeugt werden, der in Strommangellagen rückverstromt wird. Wie die Stromerzeugung mit EE im gleichen Zeitraum aber aussieht ganz ohne konventionelle Kraftwerke zeigt das folgende Bild aus Smard.de:

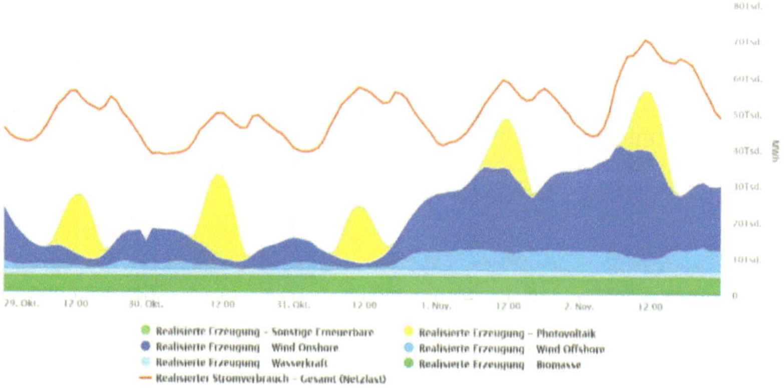

Wie man sieht, sind die EE zu keinem Zeitpunkt in der Lage, den Strombedarf zu decken und das gilt über das ganze Jahr von 8760 Stunden. Mit Ausnahme von vielleicht von 1-3 Stunden im Sommer zur Mittagszeit. Es ist also in Deutschland nicht möglich, mit EE aus Sonne und Wind und auch noch Bioenergie einen Stromüberschuss zu erzeugen, der für PtG genutzt werden könnte, es wird schlicht und einfach keinen Stromüberschuss geben. Spätestens dann ist Deutschland im fortwährenden Blackout.

Die Bundesregierung betrachtet Wasserstoff jedoch als Schlüsselelement für die Energiewende, so das Dossier des bmwi.de am 10.04.2022. „Für den langfristigen Erfolg der Energiewende und für den Klimaschutz brauchen wir Alternativen zu fossilen Energieträgern. Wasserstoff wird dabei als vielfältig einsetzbarer Energieträger eine Schlüsselrolle einnehmen." Unterschlagen wird bei dieser Argumentation, dass Wasserstoff keine Primärenergiequelle ist wie ein Stück Kohle, sondern die Kohle muss dazu benutzt werden, erst Wasserstoff zu erzeugen. Und Kohle soll es nicht sein.

Jetzt versteht man auch die Wasserstoffpartnerschaften der Bundesregierung mit der ganzen Welt, denn in Deutschland wird der Strom aus EE nicht mehr reichen, wie obige Auswertungen aus Smard.de zeigen. Hier nur eine Auswahl von Wasserstoff-Welt-Partnerschaften ohne Anspruch auf Vollständigkeit:

- Bundesforschungsministerin Karliczek, mit Nigeria. Wasserstoff-Partnerschaft mit Afrika geplant. www.bmbf.de am 11.02. 2020

- Für die Wasserstoffstrategie braucht Altmaier noch mehr Gas aus Russland. Die Gas-Pipeline Nord Stream 2 ist hochumstritten. Wirtschaftsminstr Peter Altmaier setzt trotz Sanktionen auf das Erdgas aus Russland. Das russische Gas könnte in Deutschland in Wasserstoff umgewandelt werden. Weltonline 18.02.2020

- Bundeskanzler Scholz stellt Indien 10 Mrd. € für Partnerschaften zur Verfügung, wozu auch Kooperationen beim Klimaschutz, bei der Entwicklung bei grünem Wasserstoff sowie beim Thema Migration gehören. www.finanznachrichten.de 02.05.2022

- Erste Wasserstofflieferung aus den Vereinigten Arabischen Emiraten in Deutschland eingetroffen, wie von Bundesminstr Robert Habeck am 21. März in Abu Dhabi vereinbart. www.bmwk.de, 20.09.2022. Allerdings wurde kein Wasserstoff, sondern nur Ammoniak geliefert. In dieser Pressemitteilung hat Deutschland den steigenden Wasserstoffbedarf für 2030 mit 90 bis 110 TWh angegeben.

- Deutschland will 2025 Wasserstoff aus Kanada beziehen. Deutschland und Kanada haben eine langfristige Zusammenarbeit für die Erzeugung und Transport von Wasserstoff vereinbart. Weltonline 23.08.2022

- Warum ausgerechnet dieses Land am anderen Ende der Welt für Deutschland so wichtig ist schreibt Weltonline am 26.04.2022. „Deutsche und australische Wissenschaftler haben eine Machbarkeitsstudie erarbeitet, auf politischer Ebene wurde ein Abkommen verhandelt und jüngst eine erste Absichtserklärung zur Lieferung von Wasserstoff unterzeichnet."

- Und schließlich kündigt die EU-Kommissionspräsidentin Ursula von der Leyen drei Wasserstoffabkommen am Rande der

Zwischenzeitlich hat die Bundesregierung einen nationalen Wasserstoffrat und eine nationale Wasserstoffstrategie ins Leben gerufen. (www.nationale-wasserstoffstrategie.de). Ich erspare mir jetzt die Aufzählung, welche Strategie die Bundesregierung damit verfolgt und möchte stattdessen noch einmal nachrechnen.

Wir haben festgestellt, dass Deutschland mit den EE selbst bei einer Verdoppelung der Anlagenkapazität bis 2030, was nicht zu schaffen sein wird, niemals Versorgungssicherheit wird herstellen können. Strom wird zur Mangelware in Deutschland. Und die Elektrolyseure, die den grünen Wasserstoff in Partnerschaft in fremden Ländern erzeugen sollen, sind weder konstruiert noch gebaut. Bewährt hat sich aber über Jahrzehnte die Erzeugung von Wasserstoff in einer alkalischen Elektrolyse. Diese Elektrolysen werden in Manufakturen in kleinen Einheiten erzeugt.

Was bedeutet also eine Bedarfsdeckung 2030 durch Wasserstoff von 90 bis 110 TWh? Die erste Feststellung ist, zur Deckung des Strombedarfes 2030 wird es nicht reichen. Die Bruttostromproduktion 2021 betrug 583 TWh und davon 80 % sind 466 TWh. Durch Sonnen- und Windenergie wurden 2021 jedoch nur 162 TWh produziert. Die Lücke beträgt also 304 TWh, so dass weder 90 noch 110 TWh ausreichen. Dieses Ergebnis wurde erreicht mit rund 30.000 WEA, 2,4 Mill. Solaranlagen und etwa 10.000 Biogasanlagen. Selbst mit einer Verdopplung oder Verdreifachung der Anlagenkapazität wird niemals Versorgungssicherheit gewährleistet. Nachts scheint die Sonne nicht und bei einer Windflaute stehen alle WEA still, egal wie viel. Mit einem weiteren Ausbau der EE wird sich also die Versorgungssicherheit nicht erhöhen, aber in Spitzen-Produktionszeiten der EE, Solaranlagen im Sommer und Windenergieanlagen im Frühjahr und Herbst soll so viel Überschuss erzeugt werde, dass das produzierte PtG ausreichen soll, die Versorgungssicherheit zu decken. Rechnen wir einmal nach und betrachten dafür die geplante Bedarfsmenge von 100 TWh Wasserstoff in 2030.

Aus 36 g Wasser entstehen 4 g Wasserstoff und 32 g Sauerstoff. Diese Angaben lassen sich skalieren und führen zu folgendem Ergebnis:

Zur Produktion von 1000 kg Wasserstoff benötigt man 9009 kg Wasser und erzeugt 8009 kg Sauerstoff. Der Stromeinsatz zur Erzeugung von 1 kg Wasserstoff beträgt in der Elektrolyse ca. 47 kWh und dafür bekommt man bei einem Wirkungsgrad von rund 70 % bezogen auf den Heizwert 33 kWh Wasserstoff, der Rest ist Abwärme.

Für eine TWh PtG benötigt man also 1/0,7 = 1,43 TWh Strom und entsprechend für 100 TWh = 143 TWh Strom. Nun ist der Zweck von PtG jedoch die Rückverstromung zur Behebung einer Strommangellage. Also: aus Wasser + Strom wird → Wasserstoff + Sauerstoff + Abwärme und bei der Rückverstromung wird aus PtG →Strom + Wasser +Abwärme. Damit verringert sich der Wirkungsgrad noch einmal um 25 % so dass bei PtG höchstens 50 % der eingesetzten Energiemenge effektiv genutzt werden kann. Damit benötigt man zur Erzeugung einer TWh Strom aus Wasserstoff also mind. den doppelten Einsatz. Aus 100 TWh Ertrag werden so 200 TWh Einsatz. Das sind 38 TWh mehr, als 2021 durch Sonne und Wind überhaupt produziert wurde.

Und eigentlich sieht die Bilanz noch schlechter aus, denn der Wasserstoff muss nach der Elektrolyse verdichtet, abgespeichert und in Gasturbinen rückverstromt werden. Wird zur Speicherung der Wasserstoff noch komprimiert, sinkt der Gesamtwirkungsgrad auf weniger als ein Drittel des Inputs. Ob Wasserstoff in Erdgaskavernen gespeichert werden kann, muss noch untersucht werden, um eine TWh Wasserstoff unter Normbedingungen abzuspeichern ist ein Speichervolumen von 333 Mill. m^3 notwendig, was sich durch Verdichtung natürlich verkleinert.

Kommen wir zum nächsten Problem. Die Zeitschrift Process schreibt unter dem Artikel **„Deutschland, einig Wasserstoff-Land: Die H2-Top-Projekte 2021"**

„Gaseriese Linde will zum führenden Namen in Sachen Wasserstoff werden. Ein Schritt dazu soll die weltgrößte PEM-Elektrolyse für bis zu 3200 Tonnen grüner Wasserstoff pro Jahr werden, die der Konzern im ostdeutschen Chemiepark Leuna bauen will." Vielleicht ist das ein Strohhalm, denn der Chemiepark leidet unter fehlenden Energielieferungen aus Russland und hat 10-fach höhere Beschaffungskosten für Erdgas gegenüber dem Vorjahr.

Die weltgrößte Wasserstoff PEM-Elektrolyse, die erst noch gebaut wird, soll künftig je Jahr 3200 Tonnen grünen Wasserstoff erzeugen, also mit Strom aus Wind- und Sonnenenergie. Diese Jahresmenge entspricht einem Energieinhalt 0,107 TW/a. Für 100 TWh/a PtG, die die Bundesregierung als Bedarf für 2030 annimmt, müssen 200 TWh Strom elektrolysiert werden und das schaffen 1869 Elektrolysen des genannten PEM-Typs. Das erscheint wenig realistisch. Nun gibt es zwar noch andere Verfahren der Elektrolyse, z.B. die Alkali-Elektrolyse, aber die Produktionskapazität bewegt sich eher noch im MW Bereich. Wir stellen also fest, dass wir für PtG in 2030 weder genügend Strom haben werden, noch stehen ausreichend Elektrolyseure zur Verfügung. Und nicht unerwähnt soll bleiben, dass man für 100 TWh PtG auch reines Wasser benötigt, i.d.R. aufbereitetes Wasser und das sind ca. 27 Mill. m^3 aufbereitetes Wasser. Das entspricht dem jährlichen Wasserbedarf einer Großstadt. Dafür wird Katar oder die VAE natürlich kein Grundwasser einsetzen, sondern Deutschland muss vorher eine Meerwasser-Entsalzungsanlage erstellen. Um aus einem m^3 Meerwasser Trinkwasser zu produzieren, sind etwa 3 kWh/m^3 notwendig. Genaugenommen reicht Trinkwasserqualität aber noch nicht aus, denn der Elektrolyseprozess benötigt sogar demineralisiertes Wasser (Energiepark Mainz). Jetzt kann sich jeder denken, dass die Wasseraufbereitung natürlich mit Strom aus fossilen Energien betrieben wird und damit nicht CO_2 frei ist.

Kommen wir zum letzten Punkt, der Wirtschaftlichkeit dieses Konzeptes und dazu gibt es überraschenderweise derzeit keine genauen Angaben in der Literatur. Weder ist klar, welche Elektrolyseverfahren künftig das Rennen machen werden, noch welche Instandhaltungs-/Wartungskosten zu erwarten sind und auch nicht, wieviel Elektrolysen an welchen Orten aufzustellen sind. Weder sind Wasserstoffspeicher definiert noch die Infrastruktur noch die Gasturbinen und Aufstellungsorte. Es wird viel geforscht, es wird ja auch bezahlt, aber es gibt bislang kein Gesamtkonzept für eine durchgehende Anwendung von PtG in der Stromwirtschaft. Und vergessen Sie nicht, dass Deutschland 2021 einen Energiebedarf von 3248 TWh hatte, von dem die EE lediglich 546 TWh decken konnten. Wie soll die Lücke gefüllt werden, wenn Deutschland dekarbonisiert? Bundeskanzler Scholz hat der Weltöffentlichkeit auf der COP27 in Sharm-El-Sheikh jedenfalls schon versprochen, dass Deutschland bis 2045 klimaneutral wird und innerhalb der EU bis 2050. „Wir werden aus den fossilen Brennstoffen aussteigen ohne Wenn und Aber".

Was er damit nicht gesagt hat, ist der schädliche Einfluss dieser Strategie auf die industrielle Wettbewerbsfähigkeit Deutschlands, wenn Deutschland wie ein Geisterfahrer das Weltklima retten will. Bei einem Weltmarktpreis von 312 €/t SKE für Steinkohle ergibt sich ein Preis je/kWh von 0,0383 € für Beschaffungskosten, eingesetzt zur Stromerzeugung und einem Wirkungsgrad von 43 % sind das 9 ct/kWh, rein variable Einsatzkosten. Damit kann Deutschland auf dem Weltmarkt nicht mehr konkurrieren und es ist völlig unerheblich, ob wir 2045 klimaneutral sein werden. Aller Voraussicht nach werden wir das schon in wenigen Jahren sein, wenn nämlich die Industrie verlagert hat und Deutschland in der Steinzeit angekommen ist. Es ist kaum zu glauben, dass die Ampelkoalition das nicht wahrhaben will?

Was derzeit ganz sicher ist, dass Deutschland ohne fossile Energien oder Kernenergie der Strom für PtG fehlen wird. Und hätte es genügend Strom, bräuchten wir auch kein PtG. Damit schließt sich der Kreis. Und es ist hoffentlich auch klar geworden, dass alle Wasserstoff-Partnerschaften mit sonnen- und windreichen Ländern unter den gleichen Problemen leiden. Es gibt keine Elektrolyseure, in der Wüste auch nicht genügend reines Wasser, keine Wasserstoffinfrastruktur d.h. grob: Stromerzeugung durch EE→ Wasserstoff→ Verdichtung→ Speicherung →Verladekapazität→ Transport und in Deutschland Einspeisung in einer Infrastruktur, die an der Küste ebenfalls nicht vorhanden ist. Und ersetzt man den Schiffstransport durch Pipelines müssen diese ebenfalls noch gebaut werden. Die Schlussfolgerung ist, Wasserstoff ist der Hype der Bundesregierung und wird es bleiben.

Welches Problem löst jetzt die flächendeckende Einführung von Wärmepumpen? Der Hype um die Wärmepumpe ist aufgewärmt aus den siebziger Jahren des vorigen Jahrhunderts und jetzt hängt angeblich eine erfolgreiche Umsetzung der Energiewende davon ab?

Eine Wärmepumpe zum Heizen zu verwenden kann man machen und verwendet dann eine Kältemaschine, bei der es aber nicht auf die Kühlleistung des Verdampfers ankommt, sondern auf die Wärmeleistung des Kondensators. Das funktioniert auch, weil ein Ventilator Außenluft durch einen Verdampfer ansaugt (Luft-Luft-Wärmepumpe), in dem ein Kältemittel zirkuliert. Das verdampft bei niedrigen Temperaturen und entzieht damit der Luft ihre Wärme. Das nun gasförmige Kältemittel wird durch einen elektrisch angetriebenen Kompressor (Strom!) angesaugt und verdichtet, erwärmt sich dabei noch mehr und strömt dann in einen Kondensator oder Wärmetauscher. Der gibt die Wärmemenge an den Heizkreislauf wieder ab. Dabei kondensiert das Kältemittel, verflüssigt sich also wieder und der Kreislauf beginnt von neuem.

Die Effizienz dieses Kreislaufes ist umso höher, je höher die Außentemperatur ist und kommt bei unter drei Grad Außentemperatur an die Grenze der Leistungsfähigkeit. Unterhalb dieser Temperatur sollte deshalb eine konventionelle Heizung übernehmen. Die Effizienz bemisst sich an dem Verhältnis zwischen abgegebener Wärmeleistung und dem Einsatz der elektrischen Antriebsleistung. Die Leistungskennzahl (Jahresarbeitszahl) liegt zwischen 2 und 4, wenn es günstig läuft, im Durchschnitt eher bei 3. Noch höhere JAZ haben Erdwärmepumpen bei allerdings höheren Installationskosten. Geringeren Betriebskosten stehen höhere Installationskosten gegenüber.

Ob sich eine Wärmepumpe wirtschaftlich rentiert hängt zum einen von den Anschaffungskosten und den Betriebskosten ab, verglichen z.B. mit einer Gas-Brennwerttherme. Bei einer Leistungskennzahl (JAZ) von 3 darf der Gaspreis/kWh nur ein Drittel des Strompreises sein, um Parität herzustellen. Aus einer kWh Strom macht die Wärmepumpe 3 kWh Heizenergie. Angenommen, der Strompreis beträgt 42 ct/kWh, so kostet eine kWh Heizenergie mit der Wärmepumpe genau ein Drittel, also 14 Ct/kWh. Solange der Gaspreis unter 14 Ct/kWh liegt, ist die Brennwerttherme günstiger, weil sie i.d.R. durch die Wärmerückgewinnung im Kondensat einen Wirkungsgrad von ca. 100 % hat. Liegt der Gaspreis/kWh höher, so ist die Wärmepumpe günstiger und je höher der Gaspreis, je eher amortisiert sich die Wärmepumpe. Sie müssen also genau kalkulieren, ob sich die Anschaffung einer Wärmepumpe im Vergleich zu einer Gas-Brennwerttherme lohnt? Für eine Gas-Brennwerttherme müssen Sie mit etwa 5000 € rechnen, wenn der Gasanschluss bereits liegt. Damit liegen die Anschaffungs-/Installationskosten einer Gas-Brennwertherme um den Faktor 3-5 niedriger als bei der Wärmepumpe. Und der Vorteil einer Gas-Brennwerttherme ist noch, dass sie gleichzeitig auch ihr Warmwasser erzeugen können und die Heizung auch noch unter 3 °C funktioniert. Mit einer Wärmepumpe kostet das zusätzlich. Eine Amortisation der Wärmepumpe kann es also erst geben, wenn die Betriebskosten der Wärmepumpe (Stromkosten) dauerhaft geringer sind als die Beschaffungskosten für Erdgas einer Brennwerttherme bei gleicher Wärmemenge. Rechnet man noch die Anschaffungskosten der Wärmepumpe in die Amortisation ein, so wird sie sich nicht rechnen. Nur bei extrem hohen Gaspreisen für die Verbraucher und gleichzeitig niedrigen Stromkosten könnte sich eine Wärmepumpe rechnen. Anders sieht es aus, wenn Sie eine Wärmepumpe im Keller mit einem Solarabsorber auf dem Dach kombinieren, das sind Flächenwärmetauscher, die der Umgebung ständig die Wärme entziehen, Tag und Nacht. Wird zusätzlich noch dem Warmwasser des Hauses die Wärme entzogen, kann sich die Wärmepumpe amortisieren.

Natürlich gehört zur Entscheidung für die eine oder andere Alternative auch der Blick auf die Sicherheit der Versorgung. Je mehr die EE ausgebaut werden bei gleichzeitiger Stilllegung der konventionellen Kraftwerke, desto unsicherer wird die Stromversorgung bis sie letztlich im Blackout zusammen bricht. Dann funktioniert weder die Wärmepumpe noch die Brennwerttherme. Wer jetzt denkt, dass er sich mit einer Solarstromversorgung und Stromspeicherung unabhängig gemacht hat, liegt leider falsch. So haben die Ruhrnachrichten am 28.10.22 geschrieben: **„Stromausfall Warum Photovoltaik-Anlagen beim Blackout meistens keinen Strom liefern"**

„...Wenn das öffentliche Netz ausfällt, schalten sich automatisch die üblichen PV-Anlagen ab, erläutert Reinhard Loch, Energieexperte der Verbraucherzentrale Nordrhein-Westfalen im Gespräch mit unserer Redaktion. „PV-Anlagen werden nicht so gebaut, geschaltet und vertrieben, dass sie auch eine Notstrom-oder Ersatzstromversorgung sicherstellen können. ...Grundsätzlich, so erläuterte Loch, gebe es zwei Wege, im Falle eines Blackouts den Sonnenstrom der eigenen PV-Anlag zu nutzen: Als Ersatzstrom oder als Notstrom.

Ersatzstrom heißt: Das komplette Haus wird vom öffentlichen Netz auf das Privatnetz umgeschaltet. ...Und: Einen Batteriespeicher benötige man dafür ohnehin „Sie müssen dann die Leistung für das gesamte Haus vorrätig halten, vielleicht so um die 20 KW. Das schafft ein Batteriespeicher in den gängigen Größen von 5 oder zehn Kilowatt gar nicht und Ihre Anlage auch nicht".

Wenn Ihre Wärmepumpenheizung nur 3 KW hat, benötigen Sie in 24 Std. 72 kWh abgepuffert. Das hat niemand. Also stehen Sie ebenso im Blackout, wie jeder andere auch.

Und eine Brennwerttherme mit Gas benötigt immer ausreichend Gas und Strom. Fällt also bei einem Blackout ebenfalls aus. Und es zeigt sich im Winter 2022 sogar eine Gasmangellage in Deutschland zu bezahlbaren Preisen, obwohl es weltweit mind. für die nächsten 50 Jahre ein ausreichendes Gasangebot gibt. Diese Energiemangellage in Deutschland ist nicht gottgegeben, sondern eine Folge der moralgetriebenen Energiepolitik der Ampelregierung.

11. Welche Folgen hat die Energiewende für Deutschland?

Es gibt wohl kein Land auf der Welt, bei der die Regierung das eigene Land mit einem solchen Fanatismus und Ideologie die Grundlage der wirtschaftlichen Existenz regelrecht vernichtet, wie es die politische Klasse mit Deutschland macht. Die negativen Folgen der Energiewende sind beträchtlich und irgendein Nutzen nicht erkennbar, das sollte deutlich geworden sein.

- Die Energiewende ist ein einziger Subventionsdschungel. Grob geschätzt werden bis Ende 2025 mindestens 500 Milliarden € Subventionen an die Energieanlagen- und Leitungsnetzbetreiber sowie Steuern, Gebühren und Abgaben an den Bund gezahlt werden und die Rechnung ist nach oben hin völlig offen. So schreibt Die Welt schon am 10.10.2016: **„Energiewende kostet die Bürger 520.000.000.000 Euro – erstmal"**. Sind zwischen 1975 und 2018 etwa 150 Mrd. € staatliche Subventionen/Beihilfen an den heimischen Bergbau geflossen, also ca. 3 Mrd. €/a, so kosten die Subventionen der Wind- und Solaranlagen den Stromkunden jährlich etwa 25 Mrd. € mit steigender Tendenz." Es gibt allerdings den entscheidenden Unterschied, dass die Steinkohle Deutschland zuverlässig zu jeder Zeit mit Strom versorgt hat, was die regenerativen Energien aus Sonne und Wind niemals schaffen werden.

- Nach Ende der wirtschaftlichen und technischen Lebensdauer wird noch jedes technische Objekt durch ein Nachfolgeobjekt ersetzt. Da die Lebensdauer sowohl der Wind- als auch Solaranlagen großzügig mit 25-30 Jahren angesetzt wird, steht 2022 noch nicht eine Anlage, die 2050 noch Strom liefern würde. Der Müllberg aus den Altanlagen ist nach dem heutigen Kenntnisstand nicht recycelbar und muss deponiert werden, zum größten Teil umweltgefährdender Sondermüll. Experten rechnen etwa ab 2025 mit 30.000 Tonnen Material pro Jahr allein aus den Windmühlen. Und das Recycling von Photovoltaikmodulen steckt noch in den Anfängen dürfte aber letztlich ein Kostenproblem sein.

■ Die Folgen großflächiger Windparks offshore und onshore für das Kleinklima sind beträchtlich. Es scheint so zu sein, dass die zunehmende Trockenheit in Norddeutschland, also der Klimawandel, eine Folge der Massierung von Windenergieanlagen ist. Brandenburg klagt am intensivsten über die Trockenheit und gehört zu den Bundesländern mit den meisten installierten Windanlagen. Es ist unbestritten, dass eine Massierung von WEA den erdnahen Luftaustausch behindert und damit das lokale Klima aus dem Gleichgewicht bringt. Das könnte eine Erklärung für lokale sturzartige Unwetter in der Welt sein? Niedrig hängende Regenwolken werden durch Windparks zerrissen und ändern ihre Richtung. Um das schlüssig aufzuklären fehlen noch unvoreingenommene Forschungsaufträge, aber erste Hinweise sind ernst zu nehmen. Siehe Kapitel 9.

■ Die Energiewende zerstört unsere Umwelt um sie zu retten. 2, 5 Mill. ha Ackerfläche für Bioenergie und 10-12 % des jährlichen Holzeinschlages für die Wärme und Elektrizitätsgewinnung machen aus der Energiewende die ökologische Katastrophe und das Bauholz knapp.

■ Der Know-How-Verlust durch die Aufgabe bewährter Technologien und Verfahren ist beträchtlich und wahrscheinlich irreversibel. Der jahrhundertealte Steinkohlebergbau in Deutschland wurde aufgegeben und wenn der letzte Bergmann in Rente ist weiß niemand mehr, wie man Bergbau betreibt. Wie wichtig Bergbau ist kann man durch eine einfache Überlegung herausfinden. Alles was wir auf der Erde sehen, kommt aus der Erde, ist also bergmännisch gewonnen. Unsere Zivilisation ist ohne Bergbau gar nicht denkbar. Einhergehend mit der Aufgabe des Bergbaus verschwindet auch das Know-how im Maschinenbau für den Bergbau. Mehr als hundert Jahre alte Firmen sind aufgegeben oder ins Ausland abgewandert. Das gleiche ist passiert mit der Aufgabe der Kernenergie. Die einstmals führende Nation im Bau von Kernkraftwerken hat so gut wie kein technisches und physikalisches Know-how mehr, um Kernkraftwerke bauen zu können. Die deutschen Industrie-ARGE zum Bau neuer Kernkraftwerke sind längst aufgelöst, abgewandert oder haben sich neu orientiert. Diese freiwillige Aufgabe weltweit konkurrenzfähigen Know-Hows ist ohne Schaffung von adäquaten Ersatzarbeitsplätzen passiert und wird uns nach der Energiewende noch Millionen Arbeitsplätze kosten. Stattdessen hat sich die deutsche Politik nicht entblödet, mehr als 200 Genderlehrstühle an Deutschlands Hochschulen einzurichten.

- Das Handelsblatt schreibt am 30.09.2020: **„Klimamilliarden für die Gebäudesanierung verpuffen",** In die Energieeffizienz von Wohnungen und Gebäuden werden Milliarden investiert – ohne große Erfolge bei den Emissionen zu erreichen.... Demnach wurden von 2010 bis 2018 insgesamt 496 Milliarden Euro in die energetische Gebäudesanierung gesteckt. Die Einsparung von CO_2 lag aber nur bei 21 Prozent – auch weil der finanzielle Aufwand immer größer wird, um überhaupt Erfolge bei der Senkung des Ausstoßes klimaschädlicher Treibhausgase zu erzielen." Das hat das Hamburger Abendblatt schon am 30.03.2013 geschrieben: **„Die große Lüge von der Wärmedämmung",** aber es scheint in der Politik niemanden zu interessieren.

- Wenn sich die politische Klasse öffentlich bekundet, den angehäuften Schuldenberg mit Wirtschaftswachstum abzutragen aber gleichzeitig die dazu notwendige, fossile Energienutzung durch absurde Emissionsregeln und ständige Erhöhung der Energiepreise verknappt, offenbart das eine schizophrene Geisteshaltung. Die Sozialhilfeindustrie und der öffentliche Dienst können sich noch so anstrengen, sie erhöhen das Wirtschaftswachstum nicht, sondern vertilgen die Reserven.

Der Schriftsteller und Philosoph José Ortega y Gasset hat in seinem Buch **„Der Aufstand der Massen"** Erstausgabe 1930 und hier Ausgabe März 1972 Rowohlt von einem Gespräch mit einem der größten Mathematiker und Physiker des 20. Jahrhunderts berichtet: Hermann Weyl, den heute kaum jemand kennt. Auf Seite 36 f.

... „Ein so schlagendes Ergebnis zwingt uns, wenn wir keine Narren sein wollen, zu folgenden Schlüssen: Erstens, dass wir die liberale Demokratie, die sich auf technische Schöpfungen gründet, die höchste der bis jetzt bekannten Formen des öffentlichen Lebens darstellt. Zweitens, dass dieser Lebenstypus nicht der beste denkbare sein mag, dass aber jeder bessere seine wesentlichen Grundsätze zu bewahren haben wird. Drittens, dass jede Rückkehr zu Lebensformen, die unter denen des 19. Jahrhunderts stehen, Selbstmord ist.

Haben wir dies mit aller Klarheit, die von der Klarheit des Phänomens selbst gefordert wird, einmal erkannt, so liegt es uns nunmehr ob, uns gegen das 19 Jahrhundert zu wenden. Wenn es unstreitig mit außerordentlichen und unvergleichlichen Kräften begabt war, so muss es anderseits nicht minder evidentermaßen an gewissen Radikalübeln, an gewissen Unzulänglichkeiten der Anlage gelitten haben, da es eine Menschenkaste - die aufsässigen Massenmenschen – erzeugen konnte, welche die Grundsätze, denen sie ihr Leben dankte, in unmittelbare Gefahr brachte. Bleibt dieser Menschentypus weiter Herr in Europa, gibt er endgültig den Ausschlag, so werden dreißig Jahre genügen, damit unser Erdteil in die Barbarei zurückfällt. Die technische Beherrschung der Materie und des Organisationsapparates wird mit derselben Leichtigkeit verloren gehen, mit der so oft im Laufe der Geschichte Herstellungsgeheimnisse in Vergessenheit geraten sind.[1]

[1]*Hermann Weyl, einer der großen modernen Physiker, sagte einmal im persönlichen Gespräch, wenn eine Generation lang die spezifisch physikalische Begabung aussetzte, wäre es nicht undenkbar dass der komplizierte Bau der gegenwärtigen Physik verfiele und späteren Geschlechtern nur noch als skurrile Spekulation erschiene. Eine Vorbereitung von vielen Jahrhunderten war nötig, um das Instrument des Verstandes an die komplizierte Abstraktheit der theoretischen Physik anzupassen. Irgendein Ereignis kann eine so wunderbare menschliche Fähigkeit, die außerdem die Grundlage der zukünftigen Technik bildet, wieder verschütten." (Ende Zitat)*

Man muss jetzt nicht abstrakt weiterdenken sondern einfach rational und pragmatisch und wird sofort erkennen, dass nicht nur die Energiewende, sondern auch die unkontrollierte, ungesteuerte und ungeplante Zuwanderung aus Drittstaaten sogar zwei Ereignisse sind, die alles Wissen und überlebensnotwendiges Know-how für unsere Gesellschaft verschütten. Rücksichtslos flutet die politische Klasse Deutschland seit 2015 mit Migranten aus der ganzen Welt, die hier freie Unterkunft und Verpflegung für die ganze Familie erhalten. Das geplante Bürgergeld stellt Einheimische und Eingewanderte auf die gleiche Ebene und will allen die gleichen Sozialleistungen im Namen der Gerechtigkeit und Solidarität gewähren. Hier wird ungleiches gleich gemacht. Schutz hätten die Migranten auch schon in ihren Nachbarländern bekommen können, dazu muss man nicht um die halbe Welt reisen. Das ist einmalig in der Welt, die politische Klasse vernichtet das eigene Volk, kulturell, wirtschaftlich und sozial. Dabei besagt der Menschenrechtspakt der Vereinten Nationen unter Pkt. 8. Internationaler Pakt über bürgerliche und politische Rechte vom 19.Dez. 1966 im Teil 1 Art.1:

(1) Alle Völker haben das Recht auf Selbstbestimmung. Kraft dieses Rechts entscheiden sie frei über ihren politischen Status und gestalten in Freiheit ihre wirtschaftliche, soziale und kulturelle Entwicklung.

Dieses Recht verwehrt die politische Klasse dem deutschen Volk. Dazu kommt eine ebenfalls beispiellose Förderung der Genderwissenschaften an mehr als 200 Lehrstühlen an deutschen Hochschulen und Universitäten. Und das ist noch nicht das Ende der Gruselgeschichte:

Hinzuzählen muss man die permanenten Rettungsversuche der EZB, um den Euro vor einem Währungscrash zu bewahren. „Quantitative Easing", heißt das Zauberwort, mit dem die EZB seit Jahren mehrere Billionen Euro in den Finanzsektor pumpt, die jetzt nach und nach den wirtschaftlichen Bereich erreichen und zu einer höheren Inflation führen. Mittlerweile beträgt die Inflation in der Eurozone mehr als 10 Prozent. Dagegen hat die EZB den Leitzinssatz von 0 % auf derzeit 2 % erhöht. Geht sie weiter, treibt sie die Schuldenstaaten in der EU über kurz oder lang in den Staatsbankrott. Um das zu verhindern, arbeiten die Südstaaten der EU schon an der Schuldenunion einschließlich Deutschland. Denn auch der deutsche Staatshaushalt stünde bei einer Zinserhöhung im Euroraum nicht viel besser da. Der Bundeshaushalt 2023 in Höhe von 476 Mrd. Euro ist verabschiedet bei einer geplanten

Nettokreditaufnahme von 45,61 Milliarden Euro. „Der Haushaltsentwurf 2023 spiegelt das wahre Ausmaß der Verschuldung des Bundes nicht wider. Er wird damit dem Transparenzgebot nicht gerecht", so Kai Scheller Präsident des Bundesrechnungshofes. Es gibt noch das „Sondervermögen". Aber die EZB Politik wird weitergehen.

12. Wie wird die Energiewende enden?

Die Energiewende wird scheitern, das ist sicher. Unsicher ist, was danach kommt? Es gibt zu viele Nutznießer, die am Tropf der Subventionen hängen. Es bedarf daher eines Anlasses von nationaler Tragweite, bevor der Stromkunde protestiert. Der Ukrainekrieg mit dem freiwilligen Verzicht der Bundesregierung auf russische Energielieferungen könnte der Tropfen sein, der das Fass zum Überlaufen bringt. So schreibt oilprice.com am 01.09.2022: **EU Hits Gas Storage Target Ahead of Deadline"** ..."U.S. liquefied natural gas imports were instrumental for the EU´s ability to fill up its storage earlier than its deadline but it has pushed the bloc´s gas bill ten times higher than what the EU normally pays for gas." Und ein zehnfacher Preis für Erdgas führt dann auch zu höheren Erdgas- und Strompreisen für die Verbraucher. Es soll sich also niemand wundern, wenn sich die Erdgas- und Strompreise Anfang 2023 vervielfachen und damit die Kunden in die Insolvenz treiben. Das ist ganz offensichtlich Absicht der Bundesregierung?

Außenministerin Baerbock hat sich in Prag zu folgender Aussage verstiegen. So schreibt Weltonline am 01.09.2022: **„Regierung stehe an Seite der Ukraine, „egal, was meine deutschen Wähler denken", sagt Baerbock,**

„Mögliche Proteste wegen hoher Energiepreise im Herbst und Winter werden den Worten von Außenministerin Baerbock (Grüne) zufolge nicht zur Aufhebung von Sanktionen gegen Russland führen.

„Wenn ich den Menschen in der Ukraine das Versprechen gebe: „Wir stehen an eurer Seite, solange ihr uns braucht, dann werde ich dieses Versprechen einhalten. Egal, was meine deutschen Wähler denken."

So müssen sich die Strom- und Gaskunden in Deutschland über die Entwicklung der Energiepreise also nicht wundern, es ist der Bundesregierung schlichtweg egal, was sie bezahlen müssen. Die Strom- und Gasdeckel sind da nicht hilfreich, denn als Steuerzahler zahlen sie zurück, was sie als Strom- oder Gaskunde empfangen haben.

Dass die Intelligenz technischer Fachverbände, NGOs, oder die unzähligen wissenschaftlichen Forschungseinrichtungen gegen die hohen Energiepreise protestieren kann ausgeschlossen werden, weil sie davon leben, dass sie sich um das Thema kümmern. So war Anfang des Jahres 2021 in einer technischen Fachzeitschrift unter der Überschrift **„Appell an Deutschlands Industrielle"** u.a. folgendes zu lesen:

...“Denn das es in den kommenden Jahren zu weiteren Umwälzungen und Umstrukturierungen kommen wird, ist sicher. Nicht nur, dass wir mitten in einem Strukturwandel stecken, weg von Verbrennungsmotoren und hin zur E-Mobilität. Es kommen auch politisch vorangetriebene Veränderungen auf die Wirtschaft zu, Stichwort „Green Deal". Gerade im Hinblick auf die aktuelle Klimadebatte wird dieser Deal umso entschlossener umgesetzt werden. Auch das bedeutet dass es ein „Weiter so" wie bisher für die deutsche Industrie nicht geben kann. Unternehmen tun gut daran, sich auf die Veränderungen heute einzustellen, um die künftigen Forderungen aus der Politik erfüllen zu können."

Damit wird den deutschen Unternehmen zweifelsfrei propagiert, dass es die Politik ist, die Vorgaben stellt und nicht der Markt. Das ist exakt der weitere Weg in die soziale Planwirtschaft, in der es keine unregulierte Branche mehr gibt und Millionen von Arbeitsplätzen durch Subventionen künstlich am Leben gehalten werden, bis die Steuern eben nicht mehr reichen. Es ist hoffentlich klar geworden, dass es weder aus der Förderung der Erneuerbaren Energien, noch aus der Elektromobilität noch aus der Wasserstoffwirtschaft mit EE jemals einen Return on Invest geben wird. Dieser gesellschaftliche Prozess läuft schleichend, bis zum nationalen Blackout der Stromversorgung, der Wirtschaft und schließlich der Steuereinnahmen und was dann kommt, weiß kein Mensch? Bleibt als letzte Rettung der Wähler, der mit seinem Votum das Rad noch herumreißen könnte aber auch diese Hoffnung wird vergebens sein, weil sich alle Parteien mehr oder weniger auf die Fortführung der Energiewende mit der Kraft von Sonne und Wind verständigt haben. Seitdem die Grünen in der Ampelkoalition Teil der Bundesregierung sind, wollen und werden sie den klimagerechten Wohlstand durch Transformation der Gesellschaft schaffen.

Niemand weiß, was das ist und wer das bezahlen soll, aber wenn Sie sich bis hierhin durch das Büchlein gekämpft haben, wissen Sie auch, wie schön Träume sein können. Die Hoffnung auf Kanzlerschaft der Grünen bei der nächsten Wahl ist trotzdem durchaus begründet, wie die letzten Umfragen der KfW beweisen:

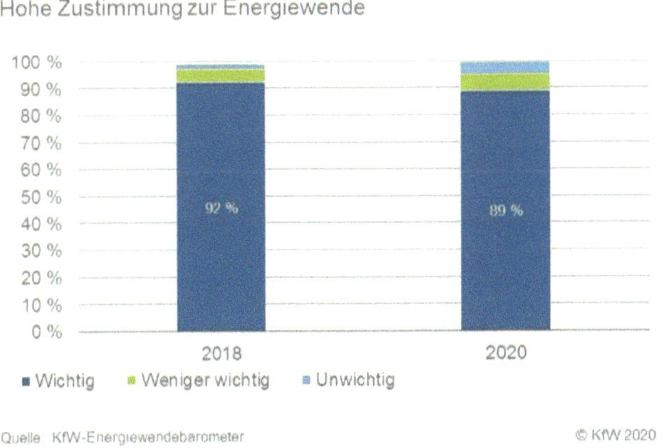

Solange die deutschen Wähler immer noch ehrenhaft versuchen das Weltklima zu retten, so lange läuft die Party weiter.

Wer gibt schon gern zu, dass er sich 20 Jahre lang geirrt hat und nicht das Weltklima gerettet, sondern Investoren ein auskömmliches Leben finanziert hat. Man kann nicht oft genug betonen, der deutsche Stromkunde hat keinen Einfluss auf das Weltklima, egal was er macht, oder unterlässt. Es geht allein um die Umlenkung gewaltiger Kapitalströme in andere Taschen, Umverteilung von unten nach oben. Das folgende Bild einer weiteren Umfrage der KfW zeigt das Energiewendedilemma:

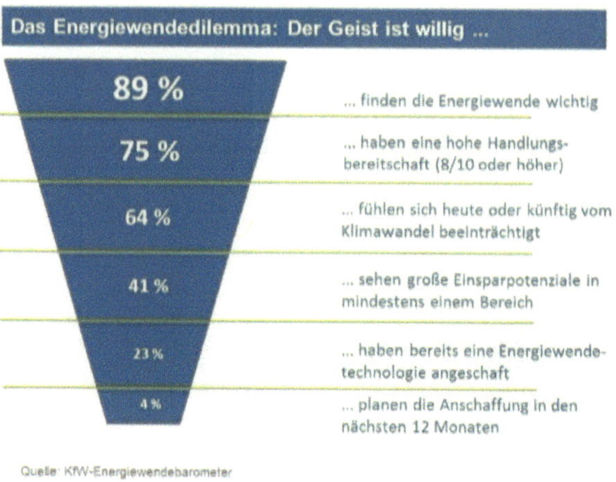

Und auch für 2022 sieht die Umfrage genauso aus. Die Bürger wollen die Energiewende, koste es was es wolle. Aber vielleicht hat die KfW auch nur falsch gefragt? Die Frage nach der Wichtigkeit ist völlig un-wichtig. Wichtig wäre die Frage nach der Richtigkeit, die keiner stellt.

Wer also nach dieser Lektüre immer noch glaubt, dass Deutschland

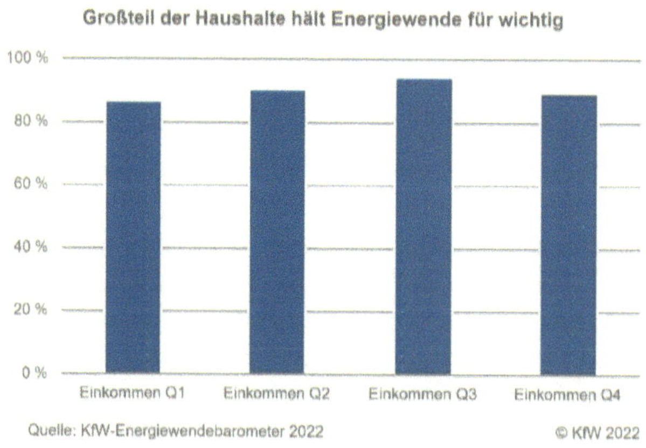

irgendeinen Einfluss auf den weltweiten Klimawandel nehmen könnte ist entweder ein Dummkopf, Ideologe, Idealist oder Profiteur. Die deutsche Gesellschaft und auch die Politik müssen akzeptieren, dass unser gegenwärtiger Zustand des Wohlstandes, der Kommunikation, der Lebensweise usw. nur wenig älter ist als 100 Jahre und die Folge eines jederzeit ausreichenden Angebotes an fossilen und/oder atomaren Energien, neuerdings fissile Energien genannt. Wer das ablehnt und wieder in die vorindustrielle Zeit der Energiegewinnung aus Sonne und Wind zurückwill, versetzt der heutigen Gesellschaft den Todesstoß. **Im 21. Jahrhundert leben zu den Energiebedingungen der vorindustriellen Zeit wird nicht funktionieren.** Und angesichts einer tatsächlichen Begrenztheit fossiler Energien gehört der Kernenergie mit integrierter Wasserstoff- und Methanwirtschaft und einem großflächigen, elektrifizierten Eisenbahnnetz die Zukunft. Und warum nicht auch über eine Lokomotive nachdenken, die im Tender einen Mini-Reaktor mit sich führt? Ein Exportschlager ohne Beispiel. Es wäre noch Zeit, sich darauf vorzubereiten, aber der Wähler muss es auch wollen und das sieht nicht so aus. Die fossilen Energien sind die nächsten 50 Jahre noch sicher verfügbar. Und es ist die Frage, ob Deutschland in seiner eigenen Angelegenheit überhaupt noch handlungsfähig ist, die Sabotage der Ostsee-Pipeline hat die Bundesregierung schließlich klaglos akzeptiert. Was bedeutet der Green Deal also für die Energiewende in Deutschland?

Im Kontext des New Green Deal hat die EU-Kommission am 14. Juli 2021 ihre neuen Regeln für den Klimaschutz veröffentlicht. Die Katze ist aber schon früher aus dem Sack gesprungen.

So schreibt Weltonline schon am 15.04.2021: „**Europa beschließt die „Öko"-Bibel – und Deutschland lässt seine Industrie im Stich"**, ...„Die sogenannte Taxonomie, eine Art grüne Bibel, wird in den kommenden Jahren maßgeblich beeinflussen, wohin Milliarden von Investitionen fließen werden. Sie soll festlegen, welche wirtschaftlichen Aktivitäten aus Klimagesichtspunkten nachhaltig sind – und welche nicht. Es geht um die Zukunft ganzer Industrien. Und auch um Deutschlands Energieversorgung.

...Die Vorgaben sind detailliert: Der Entwurf des entsprechenden Rechtsakts regelt beispielsweise, wie viele Tonnen CO_2 bei der Produktion von einer Tonne Stahl anfallen dürfen oder dass der Anbau von Futtermais nicht nachhaltig ist, wenn er in Feuchtgebieten stattfindet.

...Etwa beim Verbrennungsmotor: Laut Entwurf gilt die Herstellung und das Fahren von Fahrzeugen mit Verbrennungsmotoren ab 2026 als nicht mehr nachhaltig. Nur noch Autos, die kein CO_2 ausstoßen, sollen demnach als klimafreundlich gelten. Dabei fährt jedes Elektroauto mit Kohlestrom, wie das Institut für Weltwirtschaft in einer Publikation schon im Juni 2020 festgestellt hat. **„Elektromobilität und Klimaschutz: Die große Fehlkalkulation"**. Fazit: ..."Dies bedeutet letztendlich: gleichgültig womit man sein Elektroauto betankt, aus gesamtwirtschaftlicher Sicht fährt es de facto mit 100 Prozent Strom aus fossilen Energieträgern, heutzutage sogar zu 100 Prozent aus Kohle."

Das kann man sich auch so vorstellen, dass aufgrund der Vorrangeinspeisung von erneuerbarem Strom, dieser Strom immer schon im Netz ist und zusätzliche Bedarfe, wie für Elektroautos oder Wärmepumpen, daher auch immer zusätzlich gedeckt werden müssen, mit konventioneller Energie. Anders geht es nicht, solange die Residuallast durch konventionelle Energie gedeckt wird. Und das wird immer so sein, um das Stromnetz stabil zu halten.

...Von ähnlicher Tragweite sind die geplanten Vorschriften für Gaskraftwerke. So gilt die Stromerzeugung im Sinne der EU nur als nachhaltig, wenn nicht mehr als 100 Gramm CO_2 pro Kilowattstunde anfallen. Selbst hocheffiziente, moderne Erdgas-Kraftwerke produzieren aber doppelt so viel CO_2. Auch in diesem Fall hat die Bundesregierung die Pläne nicht kommentiert, obwohl Deutschland sowohl aus Kohle und Kernkraft aussteigen wird und zumindest mittelfristig Erdgas als Brückentechnologie brauchen wird." (Ende Zitat). Und nun die Verkündung konkreter Maßnahmen durch die EU-Kommission am 14.07.2021, ein denkwürdiger Tag, der quatorze juillet.

Selbst wer mit der Energiewende und den CO_2 Emissionen nicht viel anfangen kann, wird wissen und akzeptieren, dass der Mensch zum Leben und Überleben Wärme und Licht braucht, beides liefert die

Sonne, wenn sie scheint. Wärme und Licht entstehen aber auch bei der Verbrennung von Kohlenstoff mit dem Sauerstoff der Luft. Und dabei wird zwangsläufig Wärme, Wasser und Kohlendioxyd freigesetzt. Kohle, Holz, Erdöl oder Erdgas brennen, weil sie Kohlenstoff enthalten. Eine der einfachsten organischen Verbindungen ist CH_4, also Methan und besteht nur aus Kohlenstoff und Wasserstoff. Wird es verbrannt, benötigt es den Sauerstoff der Luft in folgendem Prozess:

$$CH_4 + 2O_2 \rightarrow CO_2 + 2H_2O$$

So entsteht das „böse", umweltschädliche Kohlendioxyd CO_2 und dabei wird Wärme und Licht frei. Und jetzt wissen Sie auch, warum bei der Abkühlung von Rauchgasen einer Brennwertheizung Kondensat entsteht und abgeführt werden muss. Die EU kämpft mit ihrem New Green Deal nun genau gegen diesen Verbrennungsprozess und macht damit Politik gegen die Naturwissenschaften. Nur vergleichbar mit Goethes Faust, in dem er Mephisto von sich selbst sagen lässt:

„Ich bin der Geist der stets verneint! / Und das mit Recht; denn alles was entsteht / Ist werth daß es zu Grunde geht; / Drum besser wär's daß nichts entstünde. / So ist denn alles was ihr Sünde, / Zerstörung, kurz das Böse nennt, / Mein eigentliches Element." (Wikipedia)

Will man CO_2 bei der Gewinnung von Wärme und Licht vermeiden, bleibt als Primärenergiequelle nur noch die „böse" Kernenergie, mit der endlich der Sprung in die Neuzeit geschafft werden könnte. Die politische Klasse in Deutschland will aber nicht springen. Der Sprung von der Agrarwirtschaft in die industrielle Zeit wurde erst durch die Erfindung der doppelt wirkenden Dampfmaschine durch James Watt 1769 geschafft. Die Dampfmaschine war die erste nutzbare Wärme-Kraft-Maschine zum Ersatz der menschlichen Arbeitskraft durch die Verbrennung von Kohle und damit Freisetzung von CO_2. Das will die EU-Kommission jedoch verhindern und schreibt vor, dass Fahrzeuge bis 2030 ihre Treibhausgas-Emissionen um 55 % und ab 2035 um 100 % gegenüber 2021 senken müssen. Das ist der Tod des Verbrennungsmotors. Ob das Ziel nun 50, 80 oder 100 % weniger CO_2 Emissionen sind, ist letztlich unerheblich, das ist Politik gegen die Physik. Wer jedoch der EU-Kommission folgt muss sich nicht wundern, wenn er als Homo sapiens wieder dort landet, wo er hergekommen ist, in der Steinzeit. Selbst der Mensch ist eine Verbrennungskraftmaschine, die Kohlenhydrate mit der Nahrung aufnimmt und mit dem Sauerstoff der Luft zu Wärme, Wasser und CO_2 verstoffwechselt. Ganz natürlich ist, dass der Mensch das Kohlendioxyd der Luft mit 0,04 % einatmet und die hundertfache Menge, nämlich zwischen 4 und 5 % wieder ausatmet. Deswegen fühlen sich manche Menschen nach längerer Zeit mit einer Maske auch unwohl. Dem Bürger scheinen diese naturwissenschaftlichen Zusammenhänge unbekannt zu sein oder es ist ihm egal?

Schlussfolgerung: Entweder einigen wir uns als Gemeinschaft, zumindest in Deutschland, auf die Wiedergeburt der Kernenergie oder die weitere Verbrennung von fossilen Energien. Diese sind noch lange Zeit der Motor von wirtschaftlichem Wachstum und Prosperität. Alles andere sind Allmachtsphantasien der politischen Klasse und führen direkt in die Steinzeit. Es ist daher unglaublich, wenn FAZnet am 22.11.2022 schreibt: **„Unternehmen müssen Klimainvestitionen verdoppeln"**, „Deutschland will bis zum Jahr 2045 klimaneutral werden. Um dieses Ziel zu erreichen, muss die Privatwirtschaft ihre Anstrengungen deutlich erhöhen, wie eine Umfrage der KfW zeigt. ... Um Klimaneutralität in Deutschland bis Mitte des Jahrhunderts zu erreichen, seien Investitionen von rund 190 Mrd. €/a erforderlich, wovon 120 Mrd. € auf die privaten Unternehmen entfielen." Warum in Gottes Namen müssen Unternehmen jährlich 190 Mrd. € bis 2045 in ein Geschäft investieren, was sich nicht rechnet, um der Bundesregierung einen Gefallen zu tun? Das wären insgesamt 2,76 Bill. € ohne ROI, nur um die Ziele der Bundesregierung zu erreichen. Sind unsere Unternehmen schon verstaatlicht? Das wird der Markt nicht honorieren und treibt die Unternehmen in den Bankrott. Für einmalig 120 Mrd. € Investitionssumme könnte man den gesamten konventionellen Kraftwerkspark in Deutschland auf den neuesten Stand modernisieren. Und mit noch einmal 100 Mrd. €. könnte Deutschland wieder auf den neuesten Stand der Reaktortechnik aufschließen und in 10 Jahren wieder einen neuen Kernreaktor bauen. Das wird die Bundesregierung nicht tun. Aber alles andere sind Spielereinen der politischen Klasse die die Wählerinnen und Wähler mit verantworten.

13. Warum braucht die EU den New Green Deal?

Die Energiewende zum Schutz des Weltklimas ist vor allem ein politisches Projekt, weil sie die Politik von ihrer Verantwortung für das Wohlergehen der Völker enthebt und diesen die Verantwortung für das Weltklima zuweist. Wir müssen deshalb jetzt etwas vom Thema abschweifen und in die Niederungen der Politik einsteigen.

Haben Sie bemerkt, dass sich für die Hochwasserschäden in Rheinland-Pfalz und NRW im Juli 2021 irgendein Politiker verantwortlich gezeigt hat? Nur auf Druck von außen, hat sich jemand gefunden, der bei vollen Bezügen die Verantwortung übernommen hat und das wurde auch gemeinsam akzeptiert. Einer für alle, alle für einen. Unsere Demokratie ist verantwortungslos organisiert. Durch vorbeugenden und praktischen Hochwasserschutz entlang der Flüsse anstatt einer fiktiven „Bekämpfung des Klimawandels", wäre der Schaden gar nicht oder nur stark vermindert eingetreten. Immerhin bezieht der Bundesfinanzminister (Staat) jährlich mind. 30 Mrd. € aus Abgaben, Steuern und Gebühren aus der Energiewende, Geld wäre also genug da. Es hat den Anschein, dass sich mit den CO_2 Steuern auf fossile Energien weniger das Klima ändert, als das der Klimawandel zum Missbrauch von Steuererhöhungen einlädt? Schließlich hat schon Sicco Mansholt, Niederländer und bis 1973 Präsident der Kommission der Europäischen Wirtschaftsgemeinschaft (EWG) in dem Buch: **Pro und Contra** zu «Die Grenzen des Wachstums», rororo von 1974, die Meinung vertreten:

„Sicherlich, eines der ersten Naturprodukte, das ausgeht, ist Nahrung. Das zweite Dilemma ist die Zerstörung des ökologischen Gleichgewichts. Das dritte ist mit der Umwelt verbunden und betrifft das Versiegen der Energievorräte. Unsere Thermal- und Nuklearreserven werden versiegen. In den nächsten fünfzehn oder zwanzig Jahren muss sich unser Planet mit den größten Schwierigkeiten auseinandersetzen, aber er scheint gänzlich unvorbereitet zu sein, mit ihnen fertig zu werden." ..."Wenn wir einen Sozialismus schaffen könnten, in dem nicht mehr die Industrie und das Kapital darüber entscheiden, was produziert werden soll, sondern in der die Produktion auf dem Konsensus und dem gemeinsamen Interesse der Gesellschaft basiert, könnten wir aus der gegenwärtigen Sackgasse herausgelangen".

Nun, wir haben erlebt, dass die Welt 1994 nicht untergegangen ist, aber die sozialistischen Ideen auch nicht. Es gibt heute in der EU so gut wie keine unregulierte Branche mehr und mit der CO_2 Steuer auf den Verbrauch fossiler Energien ist auch die letzte Fuhre Nahrung reguliert. Das gemeinsame Interesse der Gesellschaft entpuppt sich als Interesse der Kommission nach einer einheitlichen, sozialistischen Regierung in ganz Europa. Und was machen die Völker nicht alles für einen guten Zweck, insbesondere das deutsche Volk?

Nicht zufällig ist mit der Kommissionspräsidentin die deutsche Klima-Obsession an die EU übergegangen, der Hebel für eine neue, sozialistische Gesellschaft. Sie weiß, dass der New Green Deal der EU-Kommission ihr letzter Rettungsanker ist. Sie wird die EU aber nicht retten, sondern entscheidend schwächen, so dass sich die einzelnen Staaten wieder ihrer nationalen Identität bewusst werden müssen, wollen sie ihre Zukunft in freier Entscheidung selbst gestalten. Noch immer ist jede sozialistische Gesellschaft gescheitert und gerade die Deutschen sollten sich erinnern. Wenn sich die politische Klasse in Deutschland so um die nationale Souveränität und Entscheidungsfreiheit des eigenen Landes sorgen würde, wie sie sich beinahe täglich um die Ukraine sorgt, sollte einem um die Zukunft Deutschlands nicht bange sein. Aber so ist es nicht.

Es ist daher wichtig zu wissen, warum sich die Kommission auf diesen irrwitzigen Pfad des New Green Deal begeben hat und warum sie scheitern wird? Dazu gehen wir in das Jahr 2000 zurück. Der Europäische Rat hat am 23./24. März 2000 u.a. folgende Kernziele vorgeschlagen:

„EIN STRATEGISCHES ZIEL FÜR DAS KOMMENDE JAHRZEHNT

Die neue Herausforderung

1. Die Europäische Union ist mit einem Quantensprung konfrontiert, der aus der Globalisierung und den Herausforderungen einer neuen wissensbasierten Wirtschaft resultiert. Diese Veränderungen wirken

sich auf jeden Aspekt des Alltagslebens der Menschen aus und erfordern eine tiefgreifende Umgestaltung der europäischen Wirtschaft. Die Union muss diese Veränderungen so gestalten, daß sie ihren Wertvorstellungen und ihrem Gesellschaftsmodell entsprechen und auch der bevorstehenden Erweiterung Rechnung tragen.

2. Die raschen und immer schneller eintretenden Veränderungen bedeuten, daß die Union jetzt dringend handeln muss, wenn sie die sich bietenden Chancen in vollem Umfang nutzen möchte. Deshalb muss die Union ein klares strategisches Ziel setzen und sich auf ein ambitioniertes Programm für den Aufbau von Wissensinfrastrukturen, die Förderung von Innovation und Wirtschaftsreform und die Modernisierung der Sozialschutz- und Bildungssysteme einigen.

...

Der Weg in die Zukunft

5. Die Union hat sich heute ein neues strategisches Ziel für das kommende Jahrzehnt gesetzt: das Ziel, die Union zum wettbewerbsfähigsten und dynamischsten wissensbasierten Wirtschaftsraum in der Welt zu machen - einem Wirtschaftsraum, der fähig ist, ein dauerhaftes Wirtschaftswachstum mit mehr und besseren Arbeitsplätzen und einem größeren sozialen Zusammenhalt zu erzielen. Zur Erreichung dieses Ziels bedarf es einer globalen Strategie, in deren Rahmen

    o   der Übergang zu einer wissensbasierten Wirtschaft und Gesellschaft durch bessere Politiken für die Informationsgesellschaft und für die Bereiche Forschung und Entwicklung sowie durch die Forcierung des Prozesses der Strukturreform im Hinblick auf Wettbewerbsfähigkeit und Innovation und durch die Vollendung des Binnenmarktes vorzubereiten ist;

    o   das europäische Gesellschaftsmodell zu modernisieren, in die Menschen zu investieren und die soziale Ausgrenzung zu bekämpfen ist;

o für anhaltende gute wirtschaftliche Perspektiven und günstige Wachstumsaussichten Sorge zu tragen ist, indem nach einem geeigneten makroökonomischen Policy-mix verfahren wird.

6. Diese Strategie soll die Union in die Lage versetzen, wieder die Voraussetzungen für Vollbeschäftigung zu schaffen und den regionalen Zusammenhalt in der Europäischen Union zu stärken. Der Europäische Rat muss in einer sich herausbildenden neuen Gesellschaft mit besseren individuellen Wahlmöglichkeiten für Frauen und Männer ein Ziel für Vollbeschäftigung in Europa setzen. Sofern die nachstehend aufgeführten Maßnahmen in einem gesunden makroökonomischen Kontext durchgeführt werden, dürfte eine durchschnittliche wirtschaftliche Wachstumsrate von etwa 3 % eine realistische Aussicht für die kommenden Jahre darstellen.

7. Die Umsetzung dieser Strategie wird mittels der Verbesserung der bestehenden Prozesse erreicht, wobei eine neue offene Methode der Koordinierung auf allen Ebenen, gekoppelt an eine stärkere Leitungs- und Koordinierungsfunktion des Europäischen Rates, eingeführt wird, die eine kohärentere strategische Leitung und eine effektive Überwachung der Fortschritte gewährleisten soll. Der Europäische Rat wird auf einer im Frühjahr eines jeden Jahres anzuberaumenden Tagung die entsprechenden Mandate festlegen und Sorge dafür tragen, daß entsprechende Folgemaßnahmen ergriffen werden.

VORBEREITUNG DES ÜBERGANGS ZU EINER WETTBEWERBSFÄHIGEN, DYNAMISCHEN UND WISSENSBASIERTEN WIRTSCHAFT

8. Von dem Übergang zu einer digitalen, wissensbasierten Wirtschaft, der von neuen Gütern und Dienstleistungen ausgelöst wird, werden starke Impulse für Wachstum, Wettbewerbsfähigkeit und Beschäftigungsmöglichkeiten ausgehen. Darüber hinaus wird dieser Übergang es ermöglichen, die Lebensqualität der Bürger wie auch den Zustand der Umwelt zu verbessern. Um diese Chance bestmöglich zu nutzen,

118

werden der Rat und die Kommission ersucht, einen umfassenden "eEurope"-Aktionsplan zu erstellen, der dem Europäischen Rat im Juni dieses Jahres vorzulegen ist; hierbei sollte eine offene Koordinierungsmethode herangezogen werden, die von einem Vergleich nationaler Initiativen im Rahmen eines Benchmarking-Prozesses in Verbindung mit der jüngsten eEurope-Initiative der Kommission sowie der Kommissionsmitteilung "Strategien für Beschäftigung in der Informationsgesellschaft" ausgeht" (Ende Zitat).

Nichts von diesen Visionen hat die EU erreicht. Im Gegenteil, sie ist grandios gescheitert und musste sich deswegen eine andere Vision suchen, den „New Green Deal", um die Visionsmaschine am Laufen zu halten. Die EU ist ohne Entwicklungsperspektive zu einer einzigen Schulden- und Umverteilungsunion verkommen, in der der Euro gescheitert ist und eine Nullzinspolitik die Bürgerinnen und Bürger der EU, insbesondere in Deutschland, gnadenlos verarmen lässt. Nicht Deutschland profitiert von der EU, sondern die EU profitiert von Deutschland, so lange es noch geht. Prof. Hans-Werner Sinn em. hat in einem Interview mit den vdi-Nachrichten seine Meinung zur EU geäußert: „Solange die Deutschen, aber auch andere Nordeuropäer, bereit sind, ihr Portemonnaie auf den Tisch zu legen und weiterhin Bürgschaften geben, bleibt der Euroraum mit all seinen Mitgliedsländern erhalten." (vdi-Nachrichten am 03.08.2018).

Keine Spur einer wettbewerbsfähigen, dynamischen und wissensba sierten Wirtschaft und Gesellschaft, wie man an der Patententwicklung erkennen kann. Die Patente kommen heute aus China. Dazu schreibt Welt Online am 05.06.2020: **„Chinas Patent-Flut lässt Deutschland alt aussehen"**, „Mit ihren Zukunftstechnologien lässt China Deutschland zunehmend alt aussehen. Die Bertelsmanns-Stiftung hat die Zahl der Spitzen-Patente ermittelt. Die Bundesrepublik wird im weltweiten Vergleich abgehängt." Wie alt die EU und insbesondere Deutschland aussehen, zeigen folgende zwei Grafiken der WIPO - World Intellectual Property Organization:

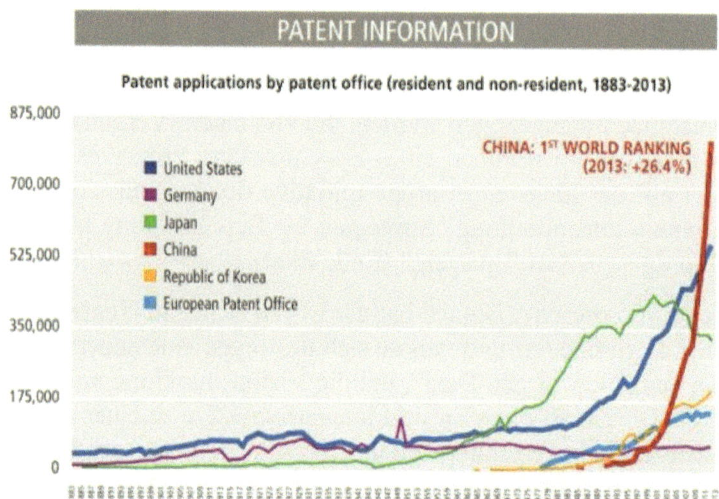

Schon 2014 waren weder Deutschland noch die EU in der Lage, zu China aufzuschließen. Patente sind das Wissenspotential einer erfolgreichen Wirtschaft und Gesellschaft, in der die Überschüsse für den Sozialstaat erwirtschaftet werden. Etwa 250 Genderlehrstühle an Deutschlands Hochschulen verzehren dagegen den Wohlstand und leisten keinen Beitrag dafür. Deutschlands politische Klasse ist Moral-Weltmeister und verteidigt weltweit vehement ihre vermeintlich demokratischen Werte aber leistet nichts zum Wohlstand unseres Landes. Nur das wäre eine werthaltige und nachhaltige Politik für das Land und das deutsche Volk. Sich mit Steuergeld für die Souveränität anderer Staaten einzusetzen, Fremdvölker mit Steuergeld zu verköstigen, mit dem Target 2 Saldo die eigenen Exporte auch noch zu finanzieren und der eigenen Bevölkerung die Lebensgrundlagen permanent zu verschlechtern, machen nur Politiker, die dem eigenen Land und dem eigenen Volk Böses wollen. So hat Deutschland keine Zukunft.

Somit ist es auch kein Wunder, dass sich die Patentbilanz auch 2019 nicht verbessert hat, wie nachfolgende Grafik zeigt:

120

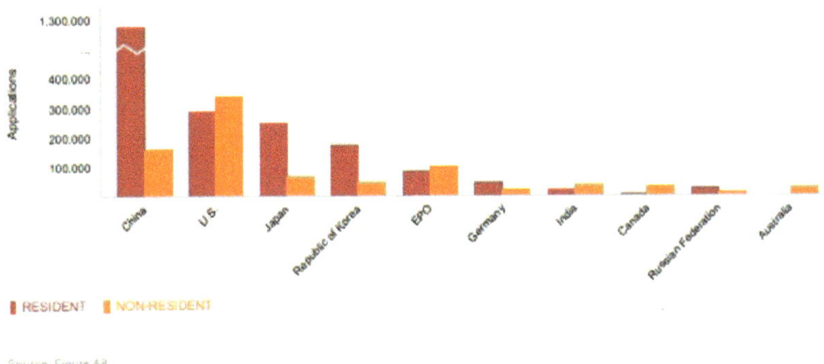

und ebenso nicht in 2021.

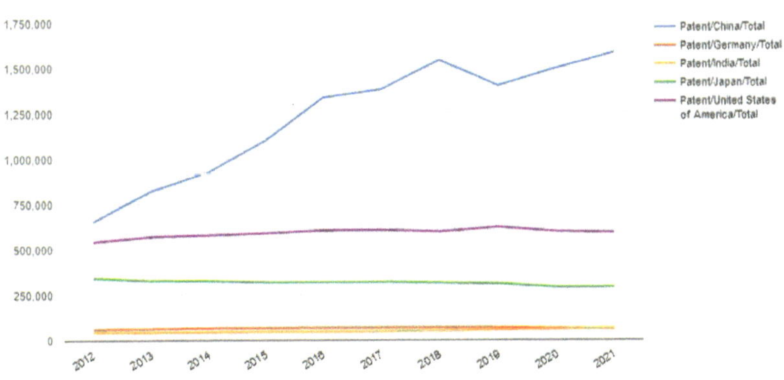

Die Grafik zeigt die Anzahl Patentanmeldungen zwischen 2012 bis
2021. Es ist nur eine Frage der Zeit, bis Deutschland auch von Indien
in der Anzahl der Patentanmeldungen überholt wird. Patentanmeldungen sind Indikatoren für die künftige Wettbewerbsfähigkeit einer

Volkswirtschaft. Wir werden sehen, dass Leistung nicht durch Haltung ersetzt werden kann.

Die EU ist im weltweiten Maßstab technologisch abgehängt, kann für ihre Bürger den Wohlstand nicht garantieren, weshalb sie überhaupt gegründet wurde und damit wurde es Zeit für das neue Ziel „Fit for 55". Jetzt ist Ihnen hoffentlich klar warum? Es gibt weder eine weltweite Konkurrenz für diese Aufgabe, die EU-Bürger sind dabei ganz unter sich und der Weg ist das Ziel, sie werden es nie erreichen aber ewig dafür bezahlen. Durchgesetzt wird diese Strategie mit dem junckerschen Axiom: „Wir beschließen etwas, stellen das dann in den Raum und warten einige Zeit ab, was passiert", verrät der Premier des kleinen Luxemburg über die Tricks, zu denen er die Staats-und Regierungschefs der EU in der Europapolitik ermuntert. „Wenn es dann kein großes Geschrei gibt und keine Aufstände, weil die meisten gar nicht begreifen, was da beschlossen wurde, dann machen wir weiter - Schritt für Schritt, bis es kein Zurück mehr gibt." (Quelle: Der Spiegel 52/1999)

Es ist völlig klar, dass mit diesem „technischen Fortschritt" die EU auch künftig nicht in der Lage sein wird, zu prosperieren. Deshalb muss es auch niemanden verwundern, dass die neuen Arbeitsfelder der EU neben der Bekämpfung des Klimawandels auch die weltweite Durchsetzung der Menschenrechte und ihr Kampf für Minderheiten sind und solchen, die es werden wollen. Sei es im Mittelmeer, in China, in Ungarn, in Polen auf der Krim in Syrien oder sonst wo auf dem Globus. Die EU fühlt sich in diesen Themen ubiquitär verantwortlich, steht sogar über der UNO und mischt sich ungeniert ständig in die inneren Angelegenheiten anderer Länder ein. Und das, obwohl weder die Kommissionspräsidentin noch ihr Klimaschutzkommissar demokratisch von den Bürgern der EU gewählt wurden. Prof. Dr. Markus C. Kerber von der TU Berlin sagt dazu im Gespräch mit der JF Nr. 30-31 vom 23.07.21: „Die demokratische Legitimation des Europaparlamentes ist unzureichend. Darauf hat das Bundesverfassungsgericht in seinem Lissabon-Urteil klärend hingewiesen. Es repräsentiert weder die Bürger noch die Völker Europas, sondern ist in seiner übergroßen Mehrheit eine Versammlung von EU-Lobbyisten auf Kosten der Steuerzahler. Es fügt sich auf hohem Ausgabenniveau in das

Brüsseler Gewaltenkonglomerat und sucht – höchst eigensüchtig – nach mehr Macht für sich. Es dürfte gar nicht als Parlament bezeichnet werden. **Es ist eine Beschäftigungsgesellschaft für Politiker".** (Ende Zitat)

Die Schweizer Weltwoche daily schreibt dazu am 23.07.21: **«Blutbad», «Todesurteil»: In Italien wächst der Widerstand gegen den von Brüssel verordneten «Green Deal».** ..."Der italienische Umweltminister Roberto Cingolani warnt vor einem Blutbad im Motor Valley in der Emilia-Romagna. Denn für Premiumhersteller wie Ferrari, Lamborghini und Maserati sind keine Ausnahmen vorgesehen".... „Der Green Deal treibt die Spaltung Europas voran. Der Graben zu den Mitteleuropäern ist schon tief genug. Wenn sich selbst das EU-Gründungsmitglied Italien, die drittgrößte Volkswirtschaft in der Union, gegen die krude Bevormundung verwahrt, sollte man in Brüssel und Berlin innehalten." (Ende Zitat)

Und was macht Deutschlands Automobilindustrie? **„Plötzlich „Electric only" – Jetzt verkündet auch Daimler das Verbrenner-Aus,** schreibt Weltonline am 22.07.2021. „Nach VW, Volvo und GM verkündet nun Daimler-Chef Källenius das faktische Aus für den Verbrenner." Es ist genau diese Haltung der deutschen Eliten, die das Volk in die Knechtschaft führt und Deutschland in die Drittklassigkeit.

Die DWN schreiben am 27.09.2022: „**Mehr als 20 Prozent der deutschen Auto-Unternehmen planen Verlagerung ins Ausland",**

„Die deutsche Autoindustrie dringt angesichts der rasant steigenden Energiekosten auf eine rasche Entlastung der Firmen. „Wir müssen vor allem runter mit Steuern, Abgaben und Umlagen", sagte die Präsidentin des Verbandes der Automobilindustrie (VDA), Hildegard Müller, der Süddeutschen Zeitung. Die Stromsteuer müsse sofort gesenkt werden.

Vor allem Zulieferer litten unter den galoppierenden Kostensteigerungen, vor allem bei Energie, so Müller. Zehn Prozent der Mitgliedsunternehmen im VDA hätten bereits jetzt Liquiditätsprobleme, ein weiteres Drittel erwarte signifikante Probleme in den kommenden Monaten. „Die Hälfte unserer Mitglieder hat deshalb bereits geplante Investitionen gestrichen oder verschoben - und mehr als ein Fünftel verlagert nun ins Ausland.". D.h. der Verbrenner lebt weiter, nur nicht in Deutschland.

Wir müssen beten, dass die Italiener genug Widerstand gegen den Green Deal aufbringen werden. Die deutsche Gesellschaft und die wissenschaftlichen Eliten haben es sich unter Merkel bequem gemacht. Der Traum wird jäh enden, Italien hat jetzt Meloni.

Die Aufgabe der EU wäre es gewesen, Frieden, Sicherheit und Wohlstand für all ihre Bürgerinnen und Bürger durchzusetzen und nicht ubiquitär den weltweiten Wohltäter zu Lasten der EU-Bürger zu spielen. Die EU stellt permanent ihre eigene Daseinsberechtigung in Frage und wer ein bisschen weiterdenkt erkennt, dass die EU mit dem Green Deal ihren Bürgern die Existenzgrundlage entzieht. Betrachten wir das ganze Dilemma einmal aus rein deutscher Sicht.

Was kann/muss Deutschland tun, um den Klimawandel aufzuhalten? Wie am Anfang schon beschrieben, verbraucht Deutschland die Energie sehr effizient und müsste eigentlich gar nichts tun, sondern der Rest der Welt wäre in Verantwortung für das Weltklima, s.a. Kapitel 6. Es kommt nicht darauf an, wieviel CO_2 / Kopf emittiert, sondern wie effizient die eingesetzte Primärenergie genutzt wird und da ist Deutschland noch Weltmeister. Die CO_2 Pro/Kopf Emissionen in China sind kleiner als in Deutschland, obwohl das Land weltweit am meisten CO_2 emittiert, nämlich 10 Mrd. t und damit 15x so viel wie Deutschland. Und Deutschland will das Weltklima retten, indem es sich selbst stranguliert? Nehmen wir einmal an, dass ein steigender CO_2 Gehalt in der Atmosphäre das Weltklima beeinflusst, was physikalisch mehr als fragwürdig ist, Deutschlands Beitrag zur Verhinderung der Überhitzung der Erde kann auch beim besten Willen nur marginal sein. Das gilt selbst dann, wenn Deutschland keine fossilen Energien mehr importieren würde und damit das selbstgesteckte Ziel schon 2022 erreichen könnte. Außer dass Deutschland damit von der Landkarte verschwinden würde, wäre dem Klima nicht geholfen.

Nach Angaben des UBA sind 97 % des CO_2 in der Atmosphäre rein natürlichen Ursprungs, gehören also zum natürlich Kohlenstoffkreislauf der Erde und sind damit für pflanzliche und biologische Lebewesen unverzichtbar. Nach Wikipedia (30.06.2021) waren 2008 etwa 65.500.000 Gt Kohlenstoff in der Erdkruste gespeichert. In der Erdatmosphäre befanden sich etwa 3000 Gt CO_2, gleich 3000 Mrd.t. Das entspricht ca. 800 Gt Kohlenstoff und sind 0,0012 Prozent der Menge im äußeren Gestein der Erde. Aus Deutschland kommen zu den 3000 Gt CO_2 in der Atmosphäre jährlich 0,75 Gt hinzu, also 0,025 %. Wenn aber 97 % des CO_2 in der Atmosphäre natürlichen Ursprungs sind (UBA), wären nur 90 Mrd. t durch den Menschen verursacht und erhöhen sich derzeit jedes Jahr um ca. 35 Mrd. t, die angeblich mehrere Jahrhunderte in der Atmosphäre bleiben. D.h. die Photosynthese bevorzugt eher das natürliche CO_2 und nicht das anthropogene CO_2. Haben Sie schon einmal daran gedacht, wie das funktionieren soll? Nach meiner überschlägigen Rechnung hat die Welt seit Anfang der siebziger Jahre (Club of Rom, Die Grenzen des Wachstums) sogar schon 1200 Mrd. t CO_2 emittiert, und davon allein zwischen 2008 und 2020 450 Mrd. t CO_2. Das wären 40 % des anthropogenen CO_2 in der Erdatmosphäre, es wird also eng dort. Genaugenommen sollte man besser von der Troposphäre sprechen, einem etwa 11 km hohen Band über der Erdoberfläche wenn es um das Klima geht. Nur in diesem Band spielt sich das Wettergeschehen ab. Vertikale Winde durchmischen die Luft, sodass sich die relative Konzentration der Luftbestandteile, Sauerstoff, Stickstoff. Argon, CO_2 usw. zwar nicht ändert, absolut nehmen sie jedoch ab. Aufgrund der abnehmenden Dichte der Luft mit steigender Höhe beträgt diese an der Grenze zur Stratosphäre nur noch etwa ein Drittel. Und wenn der Sauerstoffgehalt der Luft mit steigender Höhe abnimmt, kann der CO_2 Gehalt nicht steigen. Außerdem hat CO_2 eine um 50 % höhere Dichte als Luft und strebt deswegen immer der Erd-bzw. Wasseroberfläche zu, wo er sich in den Meeren einlagert oder an Land die Photosynthese ermöglicht. Alle CO_2 Messstellen sind deshalb erdnah und die Referenzstation Mauna Loa auf Hawaii ist sogar mitten in einem aktiven Vulkangebiet, das ständig „natürliches" CO_2 emittiert.

Die Frage ist also, wohin zumindest die 1200 Mrd. t anthropogenem CO_2 seit den siebziger Jahren entschwunden sind, von dem anthropogenen CO_2 der Jahrhunderte vorher gar nicht zu reden. In populärwissenschaftlichen Kreisen herrscht die Auffassung, dass anthropogenes CO_2 separat zu betrachten ist und gleichsam wie das Wasser einer überlaufenden Badewanne die Umwelt verschmutzt. Chemisch sind anthropogenes und natürliches CO_2 identisch, es gibt keinen Unterschied und deswegen kann anthropogenes CO_2 auch nur Teil des natürlichen Kohlenstoffkreislaufes der Erde sein. Das kann man sich auch leicht dadurch klarmachen, als das sowohl Öl, Kohle oder Erdgas auch Teil der natürlichen Kohlenstoffeinlagerungen der Erde sind und der Mensch lediglich die Lunte anlegt. Verstehen Sie, warum das CO_2 bei der Verbrennung von 80-100 Jahre altem Holz gut sein soll, also umweltfreundlich und die schon ältere Kohle bei der Verbrennung umweltschädliches CO_2 freisetzt? Die Lösung des Problems ist die Photosynthese, der natürliche Kohlenstoffkreislauf der Erde.

Man sollte meinen, dass durch die kontinuierlichen Verbrennungsprozesse, durch Menschen seit Jahrhunderten mit verursacht, eine stetige Abnahme des Sauerstoffgehaltes in der Atmosphäre bei gleichzeitiger Zunahme des Kohlendioxyd Gehaltes erfolgt wäre? Dass der Sauerstoffgehalt in der Atmosphäre aber geringer wird, hat noch niemand behauptet? Im Gegenteil, der Kreislauf des Sauerstoffs ist ausgeglichen, soweit die Messungen der Atmosphäre in die Vergangenheit reichen. Dafür sorgt der natürliche Prozess der Photosynthese, dass das aus der Luft aufgenommene Kohlendioxyd und Wasser bei gleichzeitiger Energieaufnahme durch die Strahlungsenergie der Sonne wieder zu Kohlenhydraten und Sauerstoff umgesetzt wird. Und das funktioniert schon sehr lange und wird auch als Sauerstoff - und Kohlenstoffkreiskauf bezeichnet. Bei einem vermehrten CO_2 Angebot in der Natur steigert sich das Pflanzenwachstum und sorgt so für das ökologische Gleichgewicht in der Atmosphäre. Die Holländer leiten CO_2 in ihre Gewächshäuser, um das Pflanzenwachstum zu beschleunigen. Das bestätigt auch die NASA in einer Mitteilung vom 26.04.2016: **"Carbon Dioxide Fertilization Greening Earth, Study Finds"** "From a quarter to half of Earth's vegetated lands has shown significant greening over the last 35 years largely due to rising levels of atmospheric

126

carbon dioxide, according to a new study" published in the journal *Nature Climate Change*on April 25.

Und am 21.02.2019 wurde im Journal nature communications eine Studie zweier Forscher des Max-Planck-Institutes Hamburg e.al. veröffentlicht:

"Earth system models underestimate carbon fixation by plants in the high latitudes"

"Most Earth system models agree that land will continue to store carbon due to the physiological effects of rising CO2 concentration and climatic changes favoring plant growth in temperature-limited regions. But they largely disagree on the amount of carbon uptake. ….Our Emergency Constraints (EC) estimate is 60% larger than the conventionally used multi-model average (44% higher at the global scale). This suggests that most models largely underestimate photosynthetic carbon fixation and therefore likely overestimate future atmospheric CO2 abundance and ensuing climate change, though not proportionately."

Und dieser Effekt hat dazu geführt, dass die Natur viel aufnahmefähiger für CO_2 ist als angenommen und in den letzten beiden Jahrzehnten sind etwa 310.000 km^2 zusätzliche Blatt und Nadelfläche jährlich hinzugekommen. Das ist knapp die Größe Deutschlands, und das jedes Jahr. Jetzt wird auch klar, warum die Erde genügend Nahrungsmittel für die wachsende Weltbevölkerung bereitstellen konnte.

Fasst man alle Erkenntnisse der Wissenschaft jetzt zusammen, so lässt sich die Theorie der Erderwärmung durch anthropogenes CO_2 nicht mehr aufrechterhalten. Und das wird noch einmal im letzten Kapitel bestätigt.

Aber man darf diese Selbstheilungskräfte der Natur natürlich nicht ausreizen durch einen weltweit steigenden Holzeinschlag mit der Begründung, das sei klimaneutral. Im Gegenteil, Aufforstung ist das Gebot der Stunde und da kann Deutschland noch viel machen. Der Holzeinschlag übersteigt seit langem die nachwachsende Menge.

14. Die letzte Erkenntnis zum Klimawandel?

Schon am 30. Nov 2015 hat der amerikanische Prof. S. Fred Singer im **American Thinker** folgenden Artikel veröffentlicht: **"The Burden of Proof on Climate Change"**

The burden of proof for Anthropogenic Climate Change falls on alarmists. Climate Change (CC) has been ongoing for millions of years – long before humans existed on this planet. Obviously, the causes were all of natural origin, and not anthropogenic. There is no reason to believe that these natural causes have suddenly stopped; for example, volcanic eruptions, various types of solar influences, and (internal) atmosphere-ocean oscillations all continue today. (Note that these natural factors cannot be modeled precisely.)

IPCC's GH models are not validated – and not policy-relevant

In other words, GH models have not been, and may never be validated; hence are not policy-relevant. *They are scenario-generation machines that rest on assumptions and incomplete science -- not on actual observations [2].*

Freie Übersetzung: Mit anderen Worten, Greenhouse Gas Modelle (CO_2) sind bisher nicht und werden auch zukünftig nicht validiert; somit sind sie politisch auch nicht relevant. Das sind Szenario generierende Computer, die sich auf Annahmen und fehlerhafte Naturwissenschaften stützen – nicht auf aktuelle Beobachtungen.

Und die Global Climate Intelligence Group (www.clintel.org) hat am 27.06.2022 eine World Climate Declaration herausgegeben unter dem Titel: „**There is no climate emergency**" in der sie in sechs Kernaussagen zum Klimawandel Stellung bezieht.

Climate science should be less political, while climate policies should be more scientific. Scientists should openly address uncertainties and exaggerations in their predictions of global warming, while politicians should dispassionately count the real costs as well as the imagined benefits of their policy measures.

Freie Übersetzung: Klimawissenschaft sollte weniger politisch sein, währenddem Klimapolitik mehr wissenschaftlich sein sollte. Wissenschaftler sollten Unsicherheiten und Übertreibungen in ihren Voraussagen zur Erderwärmung offen ansprechen und Politiker sollten leidenschaftslos die realen Kosten sowie den vermeintlichen Nutzen ihrer Politik abwägen. Die sechs Kernaussagen sind:

Natural as well as anthropogenic factors cause warming

Sowohl natürliche als auch menschengemachte Faktoren verursachen die Erderwärmung.

The geological archive reveals that Earth's climate has varied as long as the planet has existed, with natural cold and warm phases. The Little Ice Age ended as recently as 1850. Therefore, it is no surprise that we now are experiencing a period of warming.

Warming is far slower than predicted

Die Erderwärmung ist weit niedriger als vorhergesagt

The world has warmed significantly less than predicted by IPCC on the basis of modelled anthropogenic forcing. The gap between the real world and the modelled world tells us that we are far from understanding climate change.

Climate policy relies on inadequate models

Klimapolitik stützt sich auf unzulängliche Modelle

Climate models have many shortcomings and are not remotely plausible as policy tools. They do not only exaggerate the effect of greenhouse gases, they also ignore the fact that enriching the atmosphere with CO_2 is beneficial.

CO_2 is plant food, the basis of all life on Earth

CO_2 is not a pollutant. It is essential to all life on Earth. More CO_2 is favourable for nature, greening our planet. Additional CO_2 in the air has promoted growth in global plant biomass. It is also profitable for agriculture, increasing the yields of crops worldwide.

Freie Übersetzung: CO_2 ist kein Gift. Es ist lebenswichtig für das Leben auf der Erde. Mehr CO_2 ist günstig für die Natur, macht unseren Planeten grüner. Zusätzliches CO_2 in der Luft hat das Wachstum der globalen Biomasse gefördert. Es ist auch für die Landwirtschaft profitabel, weil es die Ernteerträge weltweit fördert.

Global warming has not increased natural disasters

Die globale Erwärmung hat die natürliche Katastrophe nicht gesteigert.

There is no statistical evidence that global warming is intensifying hurricanes, floods, droughts and suchlike natural disasters, or making them more frequent. However, there is ample evidence that CO_2 - mitigation measures are as damaging as they are costly.

Freie Übersetzung: Es gibt keine statistische Beweislage, dass die globale Erwärmung, Hurrikans, Überflutungen und ähnliche Naturdesaster intensiviert hat oder sie deshalb häufiger geworden sind. Trotzdem gibt es umfangreiche Beweise dafür, dass CO_2 Vorbeugungsmaßnahmen genauso schädlich wie auch kostenintensiv waren.

Climate policy must respect scientific and economic realities

Die Klimapolitik muss die Wissenschaft und ökonomischen Realitäten respektieren.

There is no climate emergency. Therefore, there is no cause for panic and alarm. We strongly oppose the harmful and unrealistic net-zero CO_2 policy proposed for 2050. Go for adaptation instead of mitigation; adaptation works whatever the causes are.

OUR ADVICE TO THE EUROPEAN LEADERS IS THAT SCIENCE SHOULD STRIVE FOR A SIGNIFICANTLY

BETTER UNDERSTANDING OF THE CLIMATE SYSTEM, WHILE POLITICS SHOULD FOCUS ON MINIMIZING POTENTIALCLIMATE DAMAGE BY PRIORITIZING ADAPTATION STRATEGIES BASED ONPROVEN AND AFFORDABLE TECHNOLOGIES.

Freie Übersetzung: *Unser Ratschlag an die europäischen Führer ist, die Wissenschaft sollte sich für ein signifikant besseres Verständnis des Klimasystems anstrengen, währenddem sich Politiker auf die Minimierung potentieller Klimaschäden durch Priorisierung von angepassten Strategien auf Basis bewährter und leistbarer Technologen fokussieren sollten.*

Aussage nächste Seite:

Freie Übersetzung: *An den Output eines Klimamodells zu glauben, ist zu glauben, was die Modellierer eingegeben haben. Genau das ist das Problem der heutigen Klimadiskussion, für die Klimamodelle zentral sind. Klimawissenschaft ist degeneriert zu einer glaubensbasierten Diskussion und beruht nicht auf einer starken, selbstkritischen Wissenschaft. Sollten wir uns nicht befreien von dem naiven Glauben in kindische Klimamodelle?*

(Somit bestätigt sich die praktische Erkenntnis jedes IT-Experten: Bullshit in ergibt Bullshit out.)

Erstellt wurde das Dokument von 28 Wissenschaftlern aus der ganzen Welt und von 1107 Wissenschaftlern unterzeichnet, davon 54 Unterzeichner aus Deutschland.

Machen Sie sich jetzt Ihr eigenes Bild von der Erderwärmung durch CO_2 und den schlimmen Folgen? Wenn Sie nicht (länger) an die Erderwärmung durch das menschengemachte CO_2 glauben, sind alle Investitionen um den Kampf gegen die Erderwärmung vergebens, um nicht zu sagen, sinnlos gewesen.

So ist es nicht überraschend wenn die WeltN24 schon am 02.06.2017 den Finger in die Wunde legt: „**Das Pariser Abkommen ist Vergeudung von Zeit und Geld.**" Trump hat Recht: Das Pariser Klimaabkommen ist nicht geeignet, das Problem der globalen Erwärmung zu lösen. Das gesetzte 1,5-Grad-Ziel ist mit seinen wirkungslosen Methoden illusorisch. Es gibt einen besseren Weg.

Und machen Sie sich Ihren Reim auf folgende Aussage unserer Außenministerin Baerbock kurz vor Beginn der Weltklimakonferenz COP 27 in Ägypten:

„Die Menschheit steuert auf einen Abgrund zu, auf eine Erwärmung von über 2,5 Grad, mit verheerenden Auswirkungen auf unser Leben auf dem einzigen Planeten, den wir haben", teilte Außenministerin Annalena Baerbock (Grüne) am Sonntag mit. Die Welt habe „alle nötigen Instrumente in der Hand, um die Klimakrise zu begrenzen und auf den 1,5 - Grad-Pfad zu kommen" (Weltonline 06.11.2022).

Nun muss man wissen, dass der Weltklimarat IPCC keine Wissenschaftsvereinigung ist, sondern eine politische Vereinigung. Dazu **myclimate.org** Stand 06.11 2022:

„Auf einer Klimakonferenz kommen Politiker*innen aus vielen unterschiedlichen Ländern zusammen, um gemeinsam Lösungen zu erarbeiten und Abkommen zu schließen, die den Anstieg der globalen Erderwärmung begrenzen. 1992 fand die erste Klimakonferenz in Rio de Janeiro, Brasilien statt, an der die Mitgliedsstaaten der Vereinten Nationen teilgenommen haben....

Die UN-Klimakonferenzen werden durch verschiedene Akteure geprägt. Zum einen die Regierungsvertreter der 193 Vertragsstaaten, zahlreiche Journalisten, aber auch Beobachter verschiedenster Nicht-Regierungsorganisationen (NGOs). Diese NGOs vertreten neben Wissenschaftlern, Jugendbewegungen, und Umweltorganisationen auch Wirtschaftslobbyisten oder Gewerkschaften. Sie alle haben eine beratende Stimme, jedoch keine Entscheidungskompetenzen.

Inhaltlich werden die UN-Klimakonferenzen vor allem von zwei Institutionen unterstützt. Als Grundlage für Entscheidungen auf den Konferenzen dienen die Ergebnisse des Weltklimarates. Dieser ist ein Wissenschaftsgremium der UN, das als Intergovernmental Panel in Climate Change (IPCC) zwar keine eigene Forschung betreibt, jedoch zahlreiche Erkenntnisse zum Klimawandel auswertet und sortiert. Für die Organisation und die Tagesordnungen der Klimagipfel ist das UN-Klimasekretariat verantwortlich. Dieses sammelt außerdem Daten zur Klima-Bilanz der einzelnen Staaten....

Kritik an den Klimagipfel wird vor allen wegen dem immensen Aufwand getätigt. Kritiker sehen diesen in keinem Verhältnis zu den ihrer Meinung nach sehr geringen Ergebnissen. Das liegt auch daran, dass alle Beschlüsse einmütig gefällt werden müssen, also für einen Beschluss, alle Unterzeichnerstaaten der Klimarahmenkonvention zustimmen müssen." (Ende Zitat)

Somit ist klar, dass die IPCC Veröffentlichungen weniger auf Basis wissenschaftlicher Erkenntnisse veröffentlicht werden, sondern auf Basis eines General Agreements der Beteiligten. Deutschland spielt weltweit den Don Quichote in der Bekämpfung des Klimawandels, anstatt sich auf den Klimawandel einzulassen und Maßnahmen zur Abwehr drohender Umweltgefahren im Inland zu ergreifen. Die Katastrophe im Ahrtal hat doch gezeigt, wie unzulänglich Deutschland auf Extremwetterereignisse vorbereitet ist. Vermeiden kann man sie nicht.

Abschließend kann hier nicht oft genug betont werden, egal ob man an die These vom menschengemachten Klimawandel durch CO_2 Emissionen glaubt oder nicht, wir erleben einen Klimawandel. Und Deutschlands Anteil mit 2,0 % CO_2 an den Weltemissionen ist so gering, dass es egal ist, was Deutschland macht, auf das Weltklima hat es keinen Einfluss. Und wenn Deutschland erfolgreich dekarbonisiert hat, also keine fossilen Energien mehr nutzt, freut sich der Rest der Welt und Deutschland ist in der Steinzeit angekommen. Wem das wohl nützt? Dem deutschen Volk sicherlich nicht.

Umso befremdlicher mutet daher die Entscheidung des Bundesverfassungsgerichtes vom 24.März 2021 an, in dem der Erste Senat folgende Leitsätze definiert hat (- 1 BvR 2656/18 -):

Leitsätze:

„1. Der Schutz des Lebens und der körperlichen Unversehrtheit nach Art. 2 Abs. 2 Satz 1 GG schließt den Schutz vor Beeinträchtigungen grundrechtlicher Schutzgüter durch Umweltbelastungen ein, gleich von wem und durch welche Umstände sie drohen. Die aus Art. 2 Abs. 2 Satz 1 GG folgende Schutzpflicht des Staates umfasst auch die Verpflichtung, Leben und Gesundheit vor den Gefahren des Klimawandels zu schützen. Sie kann eine objektivrechtliche Schutzverpflichtung auch in Bezug auf künftige Generationen begründen.

2. Art. 20a GG verpflichtet den Staat zum Klimaschutz. Dies zielt auch auf die Herstellung von Klimaneutralität.

Als Klimaschutzgebot hat Art. 20a GG eine internationale Dimension. Der nationalen Klimaschutzverpflichtung steht nicht entgegen, dass der globale Charakter von Klima und Erderwärmung eine Lösung der Probleme des Klimawandels durch einen Staat allein ausschließt. Das Klimaschutzgebot verlangt vom Staat international ausgerichtetes Handeln zum globalen Schutz des Klimas und verpflichtet, im Rahmen internationaler Abstimmung auf Klimaschutz hinzuwirken. Der Staat kann sich seiner Verantwortung nicht durch den Hinweis auf die Treibhausgasemissionen in anderen Staaten entziehen.“

Das bedeutet konkret, das BVerfG verpflichtet den Gesetzgeber, das bittere Spiel von Klimawandel, Klimagerechtigkeit und Klimafolgen bis zum Ende durchzuspielen. Ein Anspruch, den Deutschland niemals erfüllen kann, Deutschlands Möglichkeiten das Weltklima zu beeinflussen sind begrenzt, um nicht zu sagen, gleich Null.

„... dass der Anstieg der globalen Durchschnittstemperatur auf deutlich unter 2 °C und möglichst auf 1,5 °C gegenüber dem vorindustriellen Niveau zu begrenzen ist.“ Damit macht das BVerfG Physik, wie auch die Politik.

Wie Satire mutet daher die Entscheidung von Entwicklungshilfeminister Müller auf der COP26 Klimakonferenz in Glasgow 2021 an, Südafrika zur Bekämpfung des Klimawandels 700 Mio. € Entwicklungsgelder aus der Staatskasse zur Verfügung zu stellen, mittlerweile sind es knapp 1 Mrd. € zur Unterstützung des Kohleausstiegs. Und in

134

diesem Jahr (2022) importiert Deutschland aus Südafrika selbst voraussichtlich 150.000 Tonnen Steinkohle. Aber Müller wollte ja auch den Klimalastenausgleich von 100 Mrd. $ auf 150 Mrd. $ anheben (FAZnet 06.11.2021). Und Deutschland bemüht sich derzeit weltweit genügend Erdgas (LNG) einzukaufen, nachdem die Bundesregierung freiwillig auf die Energielieferungen aus Russland verzichtet hat. Damit verstößt die Bundesregierung selbst gegen den Beschluss des BVerfG, mit dem sie ausdrücklich verpflichtet wird, die aus Art. 2 Abs. 2 Satz 1 GG folgende Schutzpflicht des Staates wahrzunehmen, Leben und Gesundheit vor den Gefahren des Klimawandels zu schützen. Erdgas verbrennt nicht CO_2 frei. Nimmt die Bundesregierung das Urteil etwa nicht ernst?

Und wer immer noch fest an das Weltuntergangsszenario der Klimakatastrophe glaubt, sollte sich die Dramatik von 1969 vor Augen führen. Der damalige UN Generalsekretär U Thant hat 1969 verkündet:

*„Ich will die Zustände nicht dramatisieren. Aber nach den Informationen, die mir als Generalsekretär der Vereinten Nationen zugehen, haben nach meiner Schätzung die Mitglieder dieses Gremiums noch **etwa ein Jahrzehnt zur Verfügung,** ihre alten Streitigkeiten zu vergessen und eine weltweite Zusammenarbeit zu beginnen, um das Wettrüsten zu stoppen, den menschlichen Lebensraum zu verbessern, die Bevölkerungsexplosion niedrig zu halten und den notwendigen Impuls zur Entwicklung zu geben. Wenn eine solch weltweite Partnerschaft innerhalb der nächsten zehn Jahre nicht zustande kommt, so werden, fürchte ich, die erwähnten Probleme derartige Ausmaße erreicht haben, dass ihre Bewältigung menschliche Fähigkeiten übersteigt."*

Weltbevölkerung 1970 etwa 3,6 Mrd. und 2022 sind es schon 8 Mrd. und bei der Anzahl der Kriege seit 1970 kann man leicht den Überblick verlieren aber es waren mehr als hundert. Das ist nicht schön, aber die Welt ist seitdem nicht untergegangen und wird auch die Klimahölle überleben. Man kann sie nicht bekämpfen aber sollte sich darauf einstellen. Hier die Einstimmung in die Klimahölle vom derzeitigen UN-Generalsekretär:

*„**Wir sind auf dem Highway zur Klimahölle**", warnt UN-Generalsekretär Guterres zum Auftakt der Weltklimakonferenz COP27 vor den*

Auswirkungen des Klimawandels. EU-Kommissionspräsidentin von der Leyen will alles tun, „um 1,5 Grad in Reichweite zu halten". (Weltonline 07.11.2022)

Diese Warnung schafft zielgenau das schlechte Gewissen für alle Länder, die sich dem Klimafonds im Abschlusskommuniqué verweigern wollen. Im Grunde geht es natürlich um vagabundierendes Geld auf dem Globus und eine" gerechte" Klimafinanzierung ist der Hebel dafür. Unser Bundeskanzler hat ja für die nächsten Jahre schon einmal 8 Mrd. € in den Ring geworfen.

Es gibt natürlich auch andere Meinungen und auch davon soll eine wichtige nicht ausgelassen werden. Die Helmholtz Klima Initiative hat ein Faktenpapier zum Sept.2022 veröffentlicht: „**Was wir heute übers Klima wissen,** Basisfakten zum Klimawandel, die in der Wissenschaft unumstritten sind" und dann liest sich unter Pkt. 2:

„Der Mensch verstärkt den Treibhauseffekt"

„Die Menschheit ist nachgewiesenermaßen Ursache der aktuellen Klimaerwärmung. Ohne eine Zunahme der Treibhausgase ist die Erwärmung physikalisch nicht erklärbar."

Lesen Sie sich den Satz noch einmal durch und dann werden Sie feststellen, dass hier nachgewiesenermaßen gar nichts ist. Man kann sich die Erwärmung physikalisch nur nicht erklären aber das wäre eben nicht wissenschaftlich sondern eher Wahrscheinlichkeitstheorie.

Und unter 5. Klimamodelle:

„Wir haben keinen „Planeten B". Deshalb kann es keine Experimente geben, die uns zeigen, was auf der Welt passieren würde, wenn die Emissionen immer weiter steigen. Stattdessen nutzt die Wissenschaft Klimamodelle. Das sind Computerprogramme, die das Klimasystem der Erde simulieren – auf der Basis der physikalischen Grundgesetze, wie dem Erhalt von Masse, Impuls und Energie. Meist werden mehrere Klimamodelle mit unterschiedlichen Schwerpunkten herangezogen und dann mit den einzelnen Modellen sehr viele Rechendurchläufe durchgeführt."

Was die Climate Intelligence Group in der World Climate Declaration vom 27.06.2022 von den Klimamodellen hält, können Sie am Kapitelanfang noch einmal nachlesen.

Richten Sie sich also schon einmal auf die Klimahölle ein oder lassen Sie es bleiben und bedienen sich ihres eigenen Verstandes. Eine der Erkenntnisse sollte sein, dass 3,6 Mrd. Menschen auf dem Globus 1970 natürlich weniger Elementarschäden ausgesetzt waren, wie 8 Mrd. Menschen 2022 und das hat mit dem Klima nichts zu tun. Bekämpfen Sie daher nicht den Klimawandel erfolglos, sondern versuchen Sie, durch präventive Maßnahmen in ihrem Einflussbereich die Folgen des Klimawandels so gering wie möglich zu halten. Lernen Sie also mit dem Klimawandel zu leben anstatt ihn zu schützen. Vor was übrigens, soll das Klima geschützt werden?

15. Anhang

Wer sich weiter fundiert mit dem Thema der Energiewende beschäftigen will, um Handlungsanleitungen für eine Zukunft nach der Energiewende zu bekommen, ist mit dem genannten Buchtitel bestens bedient. Alle Berechnungen zur Energiewende zeigen, dass es keine Energiewende mit Sonnen- und Windenergie geben wird. Die Energiewende wird dauerhaft durch fossile Energien (Erdgas) und stetigem Stromimport aus Kohle- und Kernkraftwerken der Nachbarländer unterstützt werden müssen, bis auch das nicht mehr geht. Für den Verbraucher bedeutet das die ewige Finanzierung von mehreren, parallelen Energieinfrastrukturen mit nach oben offenem Strompreis und Zerstörung unserer Umwelt. Oder er zieht der Energiewende den Stecker; bei jeder sich bietenden Wahl. Wer sich sachlich und ohne Ideologie über die Energiewende informieren will, dem sei daher zu folgendem Buch geraten:

Günter Köchy, **Die Energiewende fällt aus,** 2. Aufl. 2019, 284 Seiten, 13,99 € ISBN: 978-3-74484-114-6, Verlag BoD, Norderstedt.

Die Themen Energiewende, Klimarettung, Coronabeämpfung, Minderheitenschutz, Rechtsextremismus, CO_2 Reduzierung usw. sind Schlagworte des gegenwärtigen politischen Diskurses, die verdecken,

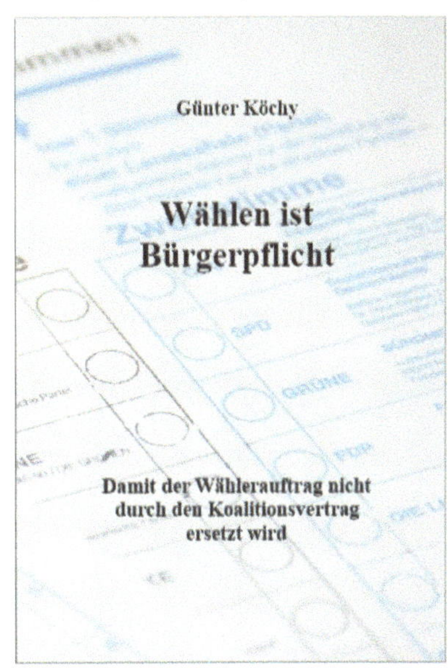

dass die Aufgabe der Politik nach Art. 56 GG eine andere ist. Richtschnur der Politik darf danach nur eine Politik zum Wohle des deutschen Volkes und des Landes sein. Das ist aber seit Jahren nicht erkennbar und führt zu dem grundsätzlichen Wahldilemma, dass inkompetente und deshalb unfähige Abgeordnete nicht abgewählt werden können, wenn sie die Partei auf die Liste setzt. So gelingen bis zu 50-jährige Politkarrieren ohne Chance auf Abwahl durch die Wählerinnen und Wähler. Die Folge ist eine Erstarrung des politischen Systems, grundlegende Reformen werden nicht mehr angefasst, weil die eigene Wiederwahl gesichert ist. Die Krone dieses „demokratischen Verhaltens" sind politische Kartelle, Absprachen zwischen den Platzhirschen, mit neuen Parteien nicht zu sprechen, sie vom politischen Prozess trotz eindeutigem Wählervotum auszuschließen. Das ist eine Verhöhnung unserer Demokratie und der Wählerinnen und Wähler.

Das Buch umreißt deshalb tiefgründig die wichtigsten Themen der politischen Klasse um zu zeigen, dass sie gerade nicht entlang Art. 56 GG arbeitet, sondern ihre eigene Agenda verfolgt. Das Buch macht deshalb konkrete Vorschläge für eine andere Politik und der Leser ist nach der Lektüre frei zu entscheiden, wem er seine Stimme gibt.

Günter Köchy, **Wählen ist Bürgerpflicht,** 1. Aufl. 2021, 220 Seiten, 12,99 €, ISBN: 978-3-75314997-4, Verlag epubli, Berlin